河南沿黄稻区优质绿色水稻轻型栽培技术

杨永升　张培杰　周春胜　主编

黄河水利出版社
·郑州·

内容提要

本书总结了一线科技工作者多年来创新探索的水稻轻型栽培技术模式、田间管理、植物保护经验，这些经验经过了“从群众来，到群众去”这样一个总结、试验、示范、再优化的过程。书中的技术既是基层农业科研工作者心血的结晶，又是河南沿黄稻区农民首创精神的总结与升华。这些技术思路新，实用性强，易学习，好掌握。它为河南沿黄稻区水稻生产减轻劳动强度、降低生产成本、控制农业污染、发展优质绿色水稻找到了一个新的突破口。

本书可供农业领域水稻栽培相关专业技术人员阅读参考。

图书在版编目(CIP)数据

河南沿黄稻区优质绿色水稻轻型栽培技术/杨永升，张培杰，周春胜主编.—郑州：黄河水利出版社，2019.8
ISBN 978-7-5509-2480-2

Ⅰ.①河… Ⅱ.①杨… ②张… ③周… Ⅲ.①水稻-栽培技术 Ⅳ.①S511

中国版本图书馆 CIP 数据核字(2019)第 173757 号

审稿编辑：席红兵 13592608739

出 版 社：黄河水利出版社
地址：河南省郑州市顺河路黄委会综合楼 14 层 邮政编码：450003
发行单位：黄河水利出版社
发行部电话：0371-66026940、66020550、66028024、66022620(传真)
E-mail：hhslcbs@126.com
承印单位：河南瑞之光印刷股份有限公司
开本：787 mm×1 092 mm 1/16
印张：7.5
字数：190 千字 印数：1—2 000
版次：2019 年 8 月第 1 版 印次：2019 年 8 月第 1 次印刷

定价：68.00 元

本书编委会

主　　编　杨永升　张培杰　周春胜

主任委员　张培杰

委　　员　刘昌峰　李曙华　张志磊

　　　　　李　勋　周少钦　胡　源

前　言

河南沿黄稻区涉及武陟、原阳、开封、兰考、封丘、长垣、濮阳、范县等，从现代引黄种植水稻的历史来看，原阳起步最早，发展最快，面积最大。2003 年 3 月，原阳大米在国家工商局拿到第一个粮食类的“原产地证明商标”，同年 12 月，原阳大米获得国家质量监督检验检疫总局（简称质检总局）原产地域产品保护认证，成为中国大米类中第三个、河南省粮食类产品中首家实施原产地域保护的产品。原阳大米已先后获得第一、二届“中国农业博览会金奖”“七五星火计划博览会金奖”“1995 中国科技精品博览会金奖”“中国绿色食品展销会金奖”“河南名牌农产品”“河南省十大最具影响力地理标志产品”“河南省著名商标”等称号。2003 年以来，原阳大米先后出口到吉尔吉斯斯坦、加拿大、南非、俄罗斯等国，开了河南粳米出口的先河。

原阳水稻面积最辉煌的时候达 55 万亩（1 亩 = 1/15 hm^2），是河南沿黄稻区的主产区和核心区。原阳引黄稻改的历史，浓缩了整个河南沿黄稻区的种植和发展历史，是河南引黄稻区历史发展的缩影。

河南沿黄稻区从武陟县的东经 113.38°、北纬 35.1°到范县的东经 115.46°、北纬 35.87°，跨 2.08 个经度、0.77 个纬度。这个区域均属温带大陆性季风气候，气候环境、土壤条件、农事习惯、耕作制度、种植作物基本相同。从 20 世纪 70 年代开始引黄稻改以来，原阳一直引领着河南沿黄稻区水稻种植栽培的发展方向，原阳在水稻种植栽培上面临的问题也是河南沿黄稻区面临的共性问题，所以本书以原阳为范例，剖析了稻米产业面临的问题，点明了技术创新突破的方向，介绍了水稻轻型栽培技术的探索成果和突出优质绿色栽培的成功经验，对河南沿黄稻区优质绿色水稻栽培具有较好的指导意义。

为进一步规范河南沿黄稻区水稻生产，突出优质、高产、绿色、轻型栽培理念，保持地方特色产业的良性发展，促进农村经济繁荣，确保农民增收，我们结合河南沿黄稻区稻米产业现状，从沿黄稻区的生产实际出发，以科学管理为突破口，通过优化施肥配方、优化栽培模式、优化种植结构、优化种植环境、优化种子配套、优化防控措施和药剂配置等措施，以期达到提高化肥的利用率，减轻病虫害发生，减少对环境的污染，减轻劳动强度等目的。

本书总结了一线农业科技工作者多年来探索的水稻轻型栽培技术模式、田间管理、植物保护经验。这些经验从实践中来，经过科研工作者的试验、示范验证，进行理论升华、完善，然后在实际生产中加以运用，走过了“从群众中来到群众中去”的过程。所以说，这本书既是农业科研工作者心血的结晶，也是广大稻区农民首创精神的总结与升华。希望它的问世，能对河南沿黄稻区农民在优质、绿色水稻种植管理方面提供一些有价值的参考，在水稻轻型栽培技术的应用上有所启发和借鉴。

由于编写人员水平的局限，本书还有不完善之处，恳请各位同仁及广大读者批评指正。

作　者

2019 年 5 月

目　录

第一章　河南沿黄稻区稻米产业的现状和发展趋势

国家粮食核心区建设奠定了河南粮食生产大省的基础地位,第一产业在今后一个时期仍然是河南的基础产业,而沿黄稻区稻米产业又是河南第一产业中的特色优势产业,所以说如何做好做“大米文章”,政府和科研工作者仍面临如下突出问题:

(1)近几年受各方面因素的影响,国内稻谷价格持续走低,河南沿黄稻区稻米产业受市场价格低迷波及,已经跌到历史最低水平,谷贱伤农直接影响了农民种稻的积极性。

(2)随着城镇化建设步伐的加快,大量农村青年离开土地走向城市,农业从业者老龄化问题严重。传统插秧种植水稻劳动强度大,农村又缺乏青壮年劳动力,水稻生产过程中机械化作业普及率低,轻型栽培技术没有得到应有的重视和总结、推广,导致部分农民放弃水稻种植,大量水稻田改为旱作,造成河南沿黄稻区水稻种植面积大幅度萎缩,优势产业的优势已丧失殆尽。从新乡市2006~2014年水稻种植面积变化情况(见表1-1)可略见一斑。

表1-1　2006~2014年新乡市水稻种植面积变化情况

年份	统计局数据		农业局数据		良种补贴数据(万 hm^2)	原阳县数据	
	面积(万 hm^2)	产量(亿kg)	面积(万 hm^2)	产量(亿kg)		面积(万 hm^2)	产量(亿kg)
2006	71.0	3.37	75.0	3.28	—	42.2	1.885
2007	69.0	3.24	71.3	3.41	—	41.0	1.846
2008	62.2	2.97	67.8	3.25	—	34.5	1.588
2009	63.9	2.88	62.2	3.13	50.8	36.6	1.590
2010	60.9	2.80	64.0	3.25	50.0	34.8	1.562
2011	62.2	2.91	58.4	3.05	50.7	35.3	1.655
2012	57.1	2.62	49.7	2.67	49.8	32.0	1.421
2013	53.0	2.63	46.0	2.49	47.6	31.1	1.417
2014	48.9	2.24	37.1	2.04	39.8	30.7	1.415
变化	-31.2%	-33.5%	-50.5%	-37.8%	-21.6%	-27.2%	-24.9%

注:《河南农业》2017年第1期(上),《新乡市水稻种植面积下降原因及发展对策》(王向前)。

(3)农资价格没有随着稻谷价格下跌而维持一个合理的区间,导致水稻生产成本上涨。

(4)科学技术推广体系不健全,配方施肥技术、科学防治病虫害技术普及率低,没

有做好统防统治，以家庭为单位的水稻病虫害防治，资源浪费大，生产成本高，防治效果差。

（5）大量单元素化肥的使用，使土壤有机质及微量元素含量过低；种植的品种多、乱、杂，生产的稻谷品质不高，在市场竞争中没有优势。

（6）大米假冒伪劣产品大量充斥市场，使有限资源型产品沦为了大路产品。

以上六个问题通过不同方式影响着河南沿黄稻区的稻米产业，其直接结果是大米价格下跌，谷贱伤农，影响了河南沿黄稻区水稻的种植与发展。

如何在新技术的支撑下、在新“三农”框架下顺应新“三农”发展趋势，让广大农民从繁重的体力劳动中解放出来，并通过优化施肥配方、优化栽培模式、优化种植结构、优化种植环境、优化种子配套、优化防控措施和药剂配置等措施，使河南沿黄稻区稻米产业回归历史的辉煌，是农业科研工作者应该承担的历史责任。近几年，原阳县农业科研工作者在麦田撒稻技术、麦田条播技术的启发下，通过各种试验探索，在不断改变直播品种、时间、方式、播量、施肥、除草、灌水等因素的情况下，逐渐形成了具有原阳沿黄稻区特色的“麦后水稻直播栽培技术”规范。同时开展了麦前撒播、麦后撒播、机械插秧、盘育抛秧、铲苗抛秧等轻型栽培技术研究，并取得了突破性进展。但由于这些技术还处于完善阶段，宣传力度不强，大多数农民对轻型水稻栽培技术了解不够，缺少相关的栽培技术经验，在生产过程中出现了诸多问题，增加了种植风险。例如品种选择相对混乱，造成米质差、抗病虫害能力不强、生长期过长、适应性差、产量低等；播种过深造成的出芽风险；灌水过深造成的烂种风险；化控除草的药害风险；化学肥料的使用量过大，利用率低，中微量元素及有机肥不能合理搭配使用，土壤中微量元素缺失，有机质下降，使水稻植株易感病、易倒伏、空秕率高、产量减少、稻谷商品性差等。这些问题需要技术人员深入农村，深入田间地头有针对性地加以解决。

2019 年中央一号文件提出了“绿色兴农”的新理念，减少化肥农药的使用量，减少土壤环境的污染，发展绿色种植、有机种植，提高作物品质是未来农业发展的方向。针对河南沿黄稻区实际情况和农业生产现状，培育适应直播技术的水稻品种，大力推行轻型栽培技术，选择省工、省时、节约成本的直播、抛秧、机插等种植方式，使农民在务工种地两不误的情况下找到一个相对的平衡点，减少生产成本和劳动强度，提高农民种植水稻的积极性，使稻米产业走向一个良性的发展轨道，从而再造河南沿黄稻区大米品牌辉煌。

下面用 11 章的篇幅对原阳引黄灌区水稻实际生产中应用的栽培方式及管理技术规范进行详细讲解，以期对河南沿黄稻区广大农民水稻生产实践有所帮助。

太平镇主产区直播稻长势见附图 1-1。

第二章　直播水稻高产栽培技术

自20世纪60年代原阳引黄稻改以来,水稻育苗移栽插秧技术一直沿用至今,从最初的拔秧移栽到现在的铲苗带土移栽,栽培技术没有革命性的突破。近些年来,随着我国城镇化建设步伐的加快,大量农村青年离开土地走向城市,农业从业者老龄化问题逐渐显现并日益加剧。传统的育苗移栽插秧种植水稻劳动强度大,农村又缺乏青壮年劳动力,水稻生产过程中机械化作业普及率低,轻型栽培技术得不到总结和推广,导致部分农民放弃水稻种植,造成原阳水稻种植面积大幅度萎缩,原阳稻米产业优势正在消退,“原阳大米”这颗皇冠上的明珠也正在黯然失色。针对这种情况,原阳县农业科学研究所科研人员在总结推广麦田撒稻技术、麦田直播套种技术经验、教训的基础上,根据原阳引黄稻区实际生产条件、生产环境和农民在实践中的尝试,探索创新、组装合成了“原阳引黄灌区麦后水稻直播栽培技术”,并形成了配套的技术规范。水稻麦后直播技术具有省工、省力、减少育苗和移栽环节、减轻劳动强度等优点,是各种水稻轻型栽培技术中操作最为简便、最为农民接受的栽培技术,目前在原阳县稻区发展势头强劲。该方式是河南沿黄稻区恢复水稻面积的技术突破口,是重振河南沿黄稻区稻米产业辉煌的希望所在。

目前,水稻直播技术虽然发展势头强劲,但就技术本身而言,还不是尽善尽美,还有很多配套技术和保障措施需要在实践中加以完善,需要农业科研工作者深入稻区、深入田间地头发现问题,找准症结,突破瓶颈,从而达到事半功倍的效果。另外,科研人员要做好宣传引导工作,对那些拿不稳、看不准、等一等、看一看的观望者推一步、拉一把,把优势说清楚,把数据讲准确,把利弊讲明白,使他们树起主心骨,吃牢定心丸,积极参与到直播水稻的推广工作中。

第一节　水稻麦后直播种植技术

一、种子的选择

河南沿黄稻区是稻麦轮作区,正常年份的直播时间在6月8~11日,按这样一个播种时间推算,直播水稻的生育期应控制在120~135 d。目前,在实际生产中直播水稻品种五花八门,如新丰二号、黄金晴、精华2号、获稻008、艺稻0618、原旱稻3号、郑旱9号、垦稻808等十多个品种,这其中除郑旱9号、原旱稻3号可以作为直播品种使用外,其他品种的生育期均超过河南沿黄稻区水稻收获时间的最晚极限。作为直播方式种植,一旦遇有晚秋寒流,会出现不能正常成熟的风险,影响产量和米质。另外,目前生产中应用的品种品质良莠不齐,会影响大米的整体品质。根据近几年的直播试验筛选,推荐原旱稻3号作为麦后直播的主要品种。该品种属粳型常规旱稻品种,黄淮海地区麦茬旱稻种植全生育期平均 120 d,株高 105.1 cm,穗长 17.1 cm,平均每穗总粒数 99.7 粒,结实率81.4%,千粒重 26.1 g。抗性:稻瘟病综合抗性指数 5.5,穗颈瘟损失率最高级 5 级,中感稻瘟病;抗旱性中等 5 级。大田推广米质检测指标:出米率 78%,整精米率 70.1%,胶稠度 82 mm,直链淀粉含量 16.4%,超过国家《优质稻谷》(GB/T 17891—2017)标准 1 级。产量表现:根据近几年大田生产实际测产,亩产在 500~600 kg,食味品质佳,在 2019 年河南省首届粳稻品种优良食味品评会上,从 22 个参赛品种中脱颖而出获得金奖。

注意事项:直播水稻使用生育期长的品种,因出穗较晚,遇有生长后期极端温度变化会造成空秕率高、灌浆不充分、产量低、垩白率上升、白米多、米质差等情况,严重的会造成绝收。

二、播种技术要点

麦茬直播水稻无论采取哪种播种方式,都宜早不宜迟。小麦收割后,及时清理麦秸旋耕土地,结合旋耕亩施水稻专用复合肥 50~60 kg 作为底肥,旋耕过后再用丁齿耙把土壤耙实、耙碎、刮平,建议有条件的用石磙镇压一遍,这是影响出苗均匀程度及封闭除草剂除草效果的关键因素。

适时播种,播种量要根据品种的生育期、分蘖率、芽率而定。一般品种播种量在 9~10 kg/亩。直播稻分为旱直播和水直播等方法,原阳县大多采用的是旱直播。

(一)机械直播

土地旋耕整平后,用播种机直播干种,建议播种机行距调至 25 cm 为宜,直播深度 1~2 cm,过浅暴露种子,过深则不利于分蘖,还会引发出苗慢、易烂种、烂芽、苗弱、不发苗等问题。播种机行进速度应控制在二挡,若行进速度过快,播种机在颠簸重力的影响下会造成播种深浅不一,影响出苗的整齐度。

(二)水田直播

水田直播是将旋耕好的土地灌水后进行水整,在浅水泥浆状态下将催芽后的种子撒入大田,半籽入泥。撒播后需保持土壤湿润,避免土壤过于干燥影响出芽。水直播要在播种前浸种催芽,浸种时间为 48 h,种子破腹露白捞出沥干后撒播。

(三)麦后旱地撒播

麦后旱地撒播技术要求麦收后及时平整土地,然后旋耕一遍,晴好天气晒垡一天,然后再旋耕一遍,迎垡头撒播干种。撒播后用石磙镇压,然后放水。旱撒种子可进行浸种,但浸种只限破腹露白为止。旱地浸种撒播在 16:00 以后撒播最好,撒播结束后要抓紧灌水,最迟要在播后第二天 8:00 前灌完第一次蒙头水。

水稻直播田幼苗期见附图 2-1。

第二节　直播稻化学除草剂使用技术

直播稻的草情要比插秧稻复杂,出草量大,杂草品种繁多,除草应按照“一封二杀三补”的防治原则进行防治。“一封”是在出苗前进行药物封闭,“二杀”是在苗后进行药物防除,“三补”是对未除净的杂草进行补杀。

一、封闭

直播稻杂草量大类多,如果全部放在苗后除草,由于杂草密度过大,种类过多,除草剂对除草的选择性有限,效果相对较差。前期封闭是为苗后除草减轻压力,是直播稻除草最关键的步骤。

(一)施药时间

播种灌水后由于田间湿度、温度都比较大,杂草 4 d 左右便会萌芽出土,所以要在浇水后 3 d 内进行化学药物封闭。如耙地后遇雨,播种时杂草已萌芽,封闭效果相对较差,这时应选择在播后 7~10 d 喷施苗后除草剂。

(二)土壤湿度

封闭效果与土壤湿度关系很大,化学药物封闭后要保持约一周内土壤湿润,但不能有明显积水。如施药后遇大雨,田块有积水的需排出积水,否则会有药害风险。在无明水的情况下,土壤湿度越大,保湿时间越长,效果越好。若土壤过干,地表土块过多过大,则会影响封闭效果。

(三)封闭药的选择及使用

应选择正规厂家、含量足、安全性高、效果好的封闭药,足量喷雾。一般情况下,直播稻封闭类药物的用水量要比常规施药加大。在保证作物安全的情况下,用药量能大勿小,注意喷雾均匀,不漏喷,确保封闭效果。若天气干燥,施药后 2~3 d 浇跑马水,切忌不要存水。用 59%丁草胺乳油 100 mL+苄・禾 42%可湿性粉剂 200 g 兑水 75 kg 喷雾,防效可达 98%左右。也可以咨询技术人员,根据相应地块杂草的实际情况进行复配,但一定要在技术人员的指导下进行。

二、直播稻田苗后除草技术

直播稻田苗后除草同样要根据杂草的种类、草龄、温度、湿度、杂草耐药性等外界因素选择除草剂,按除草剂使用说明掌握好浓度、用量、混配种类、安全性及使药方法,才能达到较好的效果。

(一)时间要求

使用除草剂易早不易晚,在对稻苗没有影响的情况下,越早越好,药效与杂草草龄及株高呈负相关关系。一般杂草在三叶期前次生根发育尚未健全,根系不发达,对药剂敏感;随着草龄增加,杂草根系越来越庞大,加之杂草叶片逐渐老化,植株纤维化程度也越高,抗药性增加,药效下降,防治效果差。

(二)浓度要求

浓度高低是影响除草剂效果和是否产生药害的关键所在。喷施除草剂一定要按照包装上的说明和技术人员的指导用药,浓度过高除草效果相对会好,但对水稻植株的伤害也会增大。近年来由于频繁使用除草剂,使很多杂草对除草剂的耐药性增强,农户及农药销售人员会加大除草剂的浓度及用量,致使药害问题时有发生。若除草剂浓度过小,则会影响除草效果,同时会诱发杂草产生耐药性。因此,要按说明书规定要求兑水喷雾。在器械的选择上,下喷式喷雾要好于直喷式喷雾。下喷式喷雾能将药雾直接喷洒到杂草上下部叶片,杂草着药量大,除草效果好。

(三)气象因素

气象因素对苗后除草效果影响非常大,如温度、光照等条件都会对除草剂的防效产生影响。直播稻除草剂使用时一般温度较高,太阳照射强。在强光照射、温度过高时,秧苗遭受药害的概率增大,所以要尽量避开高温时段,选择 17:00 左右温度相对较低时用药。

(四)混配

除草剂混配是将两种或两种以上的除草剂混合在一起使用,通过各种除草剂的不同药效特性,除草范围互补,可以扩大防除杂草的种类及效果,延缓杂草产生抗药性,降低单一高浓度药物药害风险。但混配一定要在技术人员的指导下进行,盲目混配一是会产生拮抗,降低药效;二是配比不合理会对水稻造成药害。

(五)药剂选择

在杂草三叶期前亩用 10%氰氟草脂乳油 80~100 mL+50%二氯喹啉酸可湿性粉剂 25~30 g 兑水 25~30 kg 喷雾或 26%氰氟草脂乳油 40~60 mL+50%二氯喹啉酸可湿性粉剂 25~30 g 兑水 25~30 kg 喷雾。由于地块草情不同,建议根据地块杂草种类实际分布情况,在技术人员的指导下用药。

河南沿黄稻区稻田常见杂草及危害图例见附图 2-2~附图 2-12。

第三节　麦后直播水稻的水肥管理

一、灌水

科学用水、合理施肥是保证直播水稻早生快发、稳健生长、稳产高产的关键。原阳直播水稻以旱播水管为主,一般播种后当天必须灌一次蒙头水,待水层洇干,在地面潮湿的情况下,抓紧时间喷施封闭药除草。第二次放水要到齐苗后秧苗三叶一心时结合追肥建立浅水层,以后随着秧苗增高逐渐加深水层。总的灌水原则是:前期控水湿润灌溉促苗发,中期保浅水层促分蘖,后期晚停水防早衰。

播种后湿润灌溉,能增加土壤透气性,改善苗期根部在土壤的生存环境,促进根系早生快发,加快苗期生长发育,增强植株的抗逆能力,同时还能发挥封闭除草药的药效,减少封闭除草剂对水稻苗期造成的危害。

二、施肥

直播稻田施肥和插秧田相比,主要是调整氮肥的施用方式,把 80%氮肥作底肥施入,改为全部氮肥分两次追施。其做法是结合旋耕每亩地一次性施多元复合肥 50 kg 作为底肥,二至三叶期结合灌水亩施尿素 15 kg 或碳铵 30~40 kg,第二次追肥在三至四叶期(第一次追肥后 7~10 d),追施尿素 10~15 kg,同时掺拌多效唑 30~40 g/亩,浅水层促使水稻分蘖,控制株高,增加水稻抗倒伏能力。在水稻拔节孕穗期每亩可追施水稻型复合肥 10 kg,或喷洒农药时加入磷酸二氢钾 200~300 g/亩。

友情提示：施肥要根据自家田块的肥沃程度、秧苗长势而定，易早不易晚，做到前期提得起，中期稳得住，后期不贪青。一定要注意控制氮肥施用量，因为直播稻成熟较晚，特殊年份生长后期会出现低温现象，氮肥过大易造成贪青晚熟，影响产量和米质。后期氮肥过剩容易诱发虫害。

第四节　病虫害防治

(1)直播水稻生育期短，营养生长阶段也相应缩短，为了促进秧苗早生快发，氮肥施用量较插秧稻用量大，前期稻苗幼嫩，中期叶色浓绿，长势旺盛，容易诱发叶瘟病、纹枯病、赤枯病，以及飞虱、螟虫等病虫害。为了实现稳产高产目标，应提早预防。建议第二次施肥后 7～10 d 每亩用 40%稻瘟灵 80～100 mL+99%噻呋酰胺+1.8%阿维菌素 30～40 mL+30%噻呋·戊唑醇悬浮剂 20 g 或 24%井冈·咪鲜胺粉剂 40 g、16%井冈霉素 A 粉 60 g、5%已唑醇 80 mL/亩兑水 25～30 kg 喷雾一次。

(2)第二次喷药以防治穗茎瘟、纹枯病为主，要求在出穗破口前 5 d 左右每亩用 75%三环唑 30～60 g 或 40%稻瘟灵 50～80 g+8%井冈霉素水剂 30～40 mL 或 12.5%氟环唑 40～50 g+5%阿维菌素兑水 25～30 kg 喷雾。

(3)如遇高温，可在抽穗 30%～50%时用 40%稻瘟灵可湿性粉剂 200～300 倍+75%三环唑 40 g+8%井冈霉素 30～40 mL 再喷一次，也可在齐穗后喷一次。

(4)扬花后期灌浆初期每亩用 40%稻瘟灵 100 mL+70%三环唑 40 g+5%阿维菌素 40～60 mL+吡蚜酮 40 g 喷雾。

用药原则：坚持以防为主，灵活掌握，达不到防治指数不施药、防治次数能少则少。

第三章 水稻盘育抛秧技术

水稻盘育抛秧相对人工移栽是更为省工的一种栽培方法。由于人工插秧种植水稻成本的不断上涨,水稻抛秧近几年在河南沿黄稻区也有一定的种植面积。水稻抛秧是采用塑料带钵软盘育苗、大田抛秧的一种栽培方法,主要是代替传统的人工移栽,减轻了水稻种植的劳动强度,节省了生产成本,同时抛秧栽培比人工插秧作业效率高,一般能提高工作效率 8~10 倍。

抛秧栽培是介于人工插秧和直播稻栽培的一种水稻栽培方式。抛秧栽培米质、产量、用种量、浸种方式等与人工插秧没有大的区别,但种植环境、农事方式有所改变。抛秧移栽,水稻分蘖在地表之上,比插秧田更易出现倒伏现象,所以在管理上要增加晾田晒田次数,另外要选择低秆抗倒品种。抛秧栽培对前期的控水要求较高,所以要选择排灌方便的田块。

抛秧栽培技术需要穴盘育苗,将育好的抛秧苗从秧盘上拔出,然后以 60°角向上抛苗,秧苗在泥球重力作用下根部自然落入泥中。抛后秧苗姿态不一,有斜立状或歪躺状现象,在水深控制适宜或天气正常的情况下,无须人为干预。抛秧秧苗苗龄小,生根快,一般抛后 2 d 左右露白根,3 d 左右扎根,5 d 左右长出新叶。抛秧茎节入泥浅、分蘖节位低、分蘖早且数量多、根系发达。出叶速度快,叶片大,株型较松散,穗数多、穗型偏小。抛秧作业见附图 3-1。

第一节 抛秧育苗技术

一、育秧

(1)苗床田选择和插秧田相同,面积相对插秧苗床较少,一般每亩地净苗床面积 0.03 亩就能满足需要。秧田要求整平、耙碎,拾净田里的稻茬和杂草。起床面,床面宽度要根据抛秧育苗盘的大小而定,一般以苗盘长边与苗床长边垂直摆放两列为佳,苗床间留 20~25 cm 宽的过道。

(2)备土。秧盘土宜选择相对肥沃的两合土为佳,根据用土总量粉碎过筛备用,有条件的可在育秧土中掺 1/3 的腐熟有机肥,以利培育壮苗,每个育秧盘用土量为 1.5~2 kg。

(3)苗床需先浇水踏地,整理床面与插秧田相同,育秧建议比插秧田晚 5~7 d(5 月 5~10 日)。

(4)床面用尺杆刮平后,沿床面边缘向里 5~8 cm 拉直线绳,以直线绳为标准排盘,排盘从床面一头进行,每个盘的位置要将边缘压住前盘边缘,排列要整齐,每亩用盘约 80 个,根据不同水稻品种的分蘖情况可适当调整盘数量。建议亩育秧盘数量要大于实际用量,以备不时之需。

(5)撒土。秧盘摆好后,将备好的细土均匀摊铺到苗盘上,然后用尺杆刮平秧盘表面。

(6)放水洇盘。装满土的秧盘需要放水洇实,保证出苗整齐。

(7)撒种。将洇秧床的水排干,待盘穴里的泥土撒子不下沉为止,将种子撒在洇实的育苗盘上。播种建议分两遍完成,做到足够均匀,每个种穴内3~5粒种子,无空穴。

(8)覆土。将筛好备用的细土或农家肥倒在床面上,用尺杆刮平,育苗盘上的种坑之间无土相连即可。

(9)加盖透气性好的无纺布或编织布,其主要作用是保温、保湿、防鸟害。盖布的宽度、长度要比苗床四周大出20 cm左右,方便将布固定。四周可用树枝、一次性筷子等将布扦插入泥土内,以防风刮。所有育苗程序结束后要浇灌一次小水,水位不要漫过育苗盘面。图例见附图3-2~附图3-6。

二、苗床水肥管理

育苗后5 d左右,抽点揭开覆盖布观察床面干湿情况,如过干应及时浇水。

稻苗长至一叶一心或二叶一心时,阴天或晴天16:00以后揭去覆盖布,第二天浇水施肥。根据幼苗长势,可加入一定量的多效唑控高。

合理施肥,控制秧苗旺长。抛秧秧苗高度要略低于移栽秧苗的高度,一般控制在8~12 cm。秧盘育秧要控制氮肥使用量,增施复合肥,氮肥一般为插秧苗的1/3即可。抛秧时秧苗过高、过嫩会影响抛秧质量和成活率。

三、秧苗病虫害防治

抛秧苗田的病虫害防治可参照插秧苗田进行施药。

第二节　大田抛秧与管理技术

小麦收获后要抢时间旋耕土地,每亩施水稻专用复合肥约50 kg,耕后浇水,然后机械水整,水整后经4 h沉淀开始抛秧。抛秧前如水过深,应排水至10%露出地面为宜,这样既有利于立苗,又能使秧苗根部入泥。抛秧时秧苗要现运现抛,抛秧高度越高越好,抛撒越均匀越好。抛秧前要计划有效苗量,分两遍抛撒,第一遍抛秧苗总量的80%,余下20%秧苗"拾遗补缺"。如亩抛秧盘数不好掌握,可粗略计算田块的长度,然后分段定抛秧盘数。抛秧结束后,根据习惯的打药走向,每间隔3 m拉两道线绳,线绳间距40 cm,然后把两道线绳中间的秧苗拾出抛到空间大的地方,留这样的作业道可方便后期的田间管理。图例见附图3-7 ~附图3-9。

一、浇水

抛秧田浇水要视天气情况:若晴天高温,抛秧后应及时小水浇灌保苗,水越浅越好,水过深易飘秧;若是阴雨天气,温度适中,可2 d后浇小水,抛秧后前5 d左右保持浅水,5 d后大田要见干一次,以利于扎根保苗。

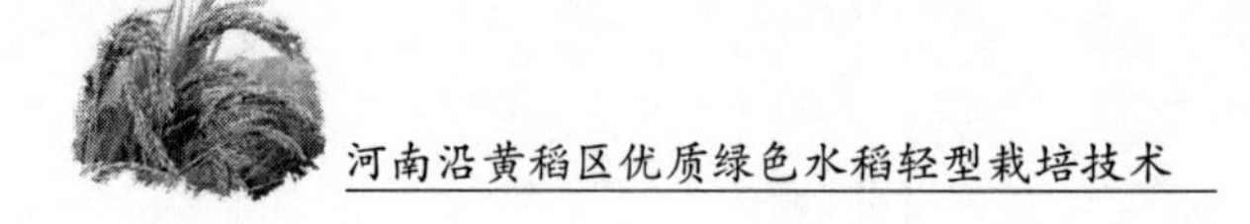

二、施肥

抛秧后 5~7 d 浇水施肥，亩用碳铵 40 kg 或尿素 12 kg 追施，促进分蘖，以后视苗情长势追施肥料，正常管理。

三、除草技术

抛秧田除草与插秧田除草相同，根据田块的草情用药，认清杂草的种类，对症下药，早防早治，一般在三叶期可用苄嘧磺隆+二氯喹啉酸或吡嘧磺隆+二氯喹啉酸 30~40 g 兑水约 30 kg 喷雾，或每亩用 19%氟酮磺草胺悬浮剂 10~15 mL 兑水 500 g 药土法撒施。若还有其他杂草，如千金子、牛筋草，需另配药。一旦发现用药后效果不佳，请及时咨询技术人员调整用药配方。

第四章　水稻种子黏泥包衣麦田撒播栽培技术

2000 年,原阳县农业科学研究所根据群众的迫切需求,在总结稻田撒麦经验基础上,密切结合河南沿黄稻区的实际情况,研究出一种轻型农业栽培技术,该技术操作简单、省工节本,工作效率高。十几年来,通过在实践中的不断探索改进,目前该技术基本成熟,2018 年在太平镇乡大田测产,亩产达 650 kg,比人工插秧增产 10%左右。该技术是在麦子灌浆中后期将处理好的稻种直接撒播在麦田,收麦时留 10 cm 左右的麦茬,机收后的秸秆就地全量还田,使农民自觉自愿的不烧秸秆,基本可做到秸秆全量还田。这一新技术不育秧、不插秧、不耕地、不整地,一般亩产 500~600 kg,与常规稻田相比持平略增,高产田已达到 750 kg。每亩地省工 2~4 个,节本 20%,节省的秧田还可以扩种成小麦,提高复种指数一成以上,每亩额外增收小麦 30~40 kg,同时能大幅度减轻劳动强度,有效地解放劳动力,提高劳动效率。

麦田撒稻生长特点表现为:前期生长缓慢,但干旱的生长环境有利于根系的发育,中期生长较快,后期秆青籽黄,成熟落黄好。

一、直播稻实用技术操作规范

(一)田块选择

麦田撒稻适用于稻麦轮作的所有田块,要求地面相对平整,麦田化除效果好、杂草少、排灌方便。

(二)鸟、鼠害防治

麦田撒稻要在撒播后 2~3 d 的每天 17:00~18:00 沿地块四周投放鼠药,第二天、第三天投药时要认真检查鼠、鸟的采食情况,做到多食多投,及时补给。使用的鼠药应到正规药店购买,以防假药误事。

(三)品种选择

当地推广的主流品种一般都可以作为麦田撒稻品种利用。原阳目前的主要品种如新丰 2 号系列、新稻系列、黄金晴、精华 2 号、获稻 008、垦稻 808、原旱稻 3 号等都可以作为麦田撒播品种,最好不要使用生育期过长的晚熟品种。

(四)套播时间

麦田撒稻的套播时间,应参照该品种在当地常规栽培的适宜播期。河南沿黄稻区一般在 5 月 5~10 日撒播。

(五)全苗匀苗

全苗匀苗是麦田撒稻技术成功与否的关键。撒播种子时要求把种子分成两份,每个田块最少要撒两遍,尽量保证撒播的均匀度。全田撒播结束后,可以两个人一组用粗绳索拉动麦株一个来回,促使稻种全部落地。

（六）基本苗与播种量

麦田撒稻基本苗的确定既要考虑品种特性，又要考虑田块共生期田间小气候对秧苗的影响，原则上应参照该品种在当地麦后直插栽培的基本苗数。根据原阳农业科学研究所科研人员几年的试验，新丰 2 号系列基本苗应保证 8 万～10 万，每平方米成苗数 115～120 株，黄金晴、原旱稻 3 号等品种应保证每平方米不少于 120 苗，并要保证秧苗分布均匀。套播稻成苗率一般在 70%左右，为确保足够的基本苗，在初始示范阶段，宜比常规育苗移栽稻增加 30%左右的播种量。

（七）种子处理

首先选用优良品种，充分晾晒。然后用多菌灵+咪鲜胺等浸种达破腹露白。为促使稻种与麦田表土密接，撒播稻种必须进行种子包衣。事先备好黏土和干沙土作包衣原料，种子、黏土和干沙土的比例一般为 1∶0.8∶2。黏土用清水（水土比为 0.5∶1）和成黏泥，然后将种子与黏泥充分揉搓后再用细沙揉搓成颗粒状。包衣后的种子必须堆闷催芽，当白芽透出率达 95%以上，芽长度达 1～2 mm 时即可播种。这样既起到种子加重、撒播时光滑、方便播种的作用，又可使种子在较短的时间内扎根生长。

（八）麦田灌水

为确保包衣种子与麦田表土接触密实，利于稻种及时扎根生长，达到一播全苗，播种结束后应立即进行灌水，但要协调好小麦后期怕水渍这一矛盾，其操作要点是全田跑满水为止，遇有积水必须尽快排出。

（九）移苗补缺

麦收初次灌水后，结合对全田缺苗情况的普查，移密补稀，确保全田均衡生长。

二、前茬小麦机械收割与秸秆还田

机械收割应选择在晴天无雨时进行，地表湿度应以收割机轮胎碾压后秧苗能自然直立为宜，否则不能下田作业。机收时间控制在 10:00 以前和 18:00 以后，严禁在中午麦焦时收割。机收麦留茬 10 cm 左右。机收后的麦秸秆视苗情可运出地外，也可就地拢直拢好，使其通过压苗自然形成作业通道。机收时应尽量减少机械在田地里的碾压次数，以保证更多的秧苗免遭碾压。

三、杂草综合防治

麦田撒稻杂草发生早，发生期长，数量大，如不及时防治，会形成草荒，因此要结合灌水施肥及时进行化学除草。引黄稻区麦田杂草近几年有加重趋势，所以防除杂草是确保撒播稻丰收的关键。麦田撒稻除草可参照麦后直播稻田苗后除草用药，也可麦收后结合施肥用丁草胺、农思它、神锄等除草。施药时间应在秧苗高度达到大田能保持水层时进行。

四、肥料运筹

少吃多餐，平衡促进，总用氮量与当地常规稻田相仿，收麦后结合第三次灌水亩施碳氨 15～20 kg，分蘖肥 40～50 kg，孕穗肥 15～20 kg。麦田撒稻亩产千斤以上水平的肥料运

筹策略为:少吃多餐,增加穗肥比重,一般分蘖肥占全生育期总氮肥量的50%~60%,第一次施肥最好使用尿素;孕穗肥保证10~15 kg/亩,磷钾肥按当地常量使用和分蘖肥同时施入,且以促花攻大穗为目的,充分创造有利条件夺取高产、超高产。

五、灌水

麦田撒稻麦收后先小水湿润灌溉,2~3次后保水层促分蘖,幼穗分化期要保水层少晒田,后期干湿交替。后期与插秧栽培的稻田相比,成熟期要推迟3~5 d,所以停水时间也要相应推迟。

图例见附图4-1~附图4-3。

第五章　水稻机械插秧高产栽培技术

水稻机械插秧是水稻产业集约化生产的发展方向，原阳水稻机械插秧栽培技术研究实践经过几代人的努力，时间贯穿20世纪末到21世纪初，时间跨度之大，投入精力之多较其他栽培方式首屈一指。但是，截止到20世纪90年代，尽管在机械插秧栽培技术研究上投入了大量的人力和物力，却没有取得大的突破。20世纪末到21世纪初，随着新装备的出现和新材料的应用，加上插秧机技术上的突破，河南沿黄稻区水稻机械插秧栽培技术迎来了快速发展的"第二个春天"。

一、育秧

水稻机械插秧栽培成败的关键是育秧，目前机械插秧多有农业专业合作社统一育秧，育秧采用装盘机装盘，基质采用工厂化生产的、经过灭菌、配肥的袋装基质，这种基质颗粒均匀一致，持水性好，能保证苗齐苗壮。图例见附图5-1。

（一）选种

水稻机械插秧栽培对水稻品种没有特殊要求，一般选择适宜当地生长的品种即可。作为机插的水稻种子一定要精选除芒，这样可保证播种均匀。

（二）浸种

水稻机械插秧育秧较晚，种子浸种时的温度较高，建议浸种48 h，种子吸足水分但又不破腹为好，这样可以避免机械装盘时对种子造成损伤。浸种剂建议使用市面上正规厂家生产的复配剂型。

（三）装盘

装盘前要提前将稻种沥水摊晾，达到种皮湿润无明水，种子无结块不粘连即可。装盘前还要检查调试装盘机，根据种子的千粒重调试下种量，一般吸足水的种子每盘播量在0.175~0.2 kg。图例见附图5-2。

（四）催芽

装好的秧盘需码垛催芽，一般码垛高度为1.2 m，太高容易压坏秧盘。秧盘码好垛后先用草帘或无纺布盖住垛顶，用水管淋湿草帘或无纺布，然后用塑料布蒙严围好。如果是在室外，垛顶要采取遮阴措施。之后每天要对秧盘垛进行温度、发芽情况检查，温度过高时要掀开四周的塑料布进行通风降温，水稻催芽最适宜的温度是28~32 ℃，最高温度为40 ℃；温度高达42 ℃时则芽内细胞原生质停止流动，造成烧芽；温度低于20 ℃或高于40 ℃发芽延迟且极不整齐。

（五）摆盘

待到苗盘90%透芽后进行摆盘，摆盘要完成一床及时在床面上覆盖无纺布，摆完一方后及时灌水。图例见附图5-3。

（六）管理

待秧苗一叶一心，最晚两叶一心时选择晴好天气到17:00以后把床面上无纺布撤

下，第二天9:00以前及时灌水，减轻秧苗对温度的应激反应。之后的水分管理以保持床面湿润为止。施肥可根据苗情而定，如果是使用工厂化生产的基质育秧，建议不再追肥。

(七)秧龄

沿黄地区麦后机插栽培的水稻秧苗的秧龄一般应控制在22 d左右，最长不要超过25 d。

图例见附图5-4~附图5-7。

二、插秧

(一)整地

机械插秧必须进行水整地才能达到理想的栽插效果，要求麦收后及时清理麦秸秆，旋耕机旋耕两遍放水整地，当水淹没90%田面时，用拖拉机拉农用耙(耙齿向上)或木板将田面刮平，然后将水排出，一般田块20 h后插秧最为适宜，时间过短会有壅泥现象，影响插秧质量。

(二)插秧

现在农业专业合作社一般使用洋马VP系列高速乘坐式插秧机，该机精准高效，一天能插30~50亩地，插植深度均匀一致，对秧苗高度要求范围宽。机械插秧时田间水层不易过深，一般80%~90%田面有水即可。插秧机在地头转弯时速度不宜过高，速度过高轮子的离心力会造成田面不平，影响插秧效果。一方地或一块地插秧结束后要及时补水，水深以不露地面为止。放水结束后要抢时间补漏补缺，特别是地块四角、地边，要补齐补全，保证基本苗数，为高产打下基础。图例见附图5-8~附图5-10。

三、水肥管理

(一)水分管理

水稻机械插秧因秧苗较小，刚插秧的地块要小水勤灌，高低兼顾，以利返苗分蘖。后期水分管理参照人工插秧即可。

(二)施肥

水稻机械插秧施肥原则是，以底肥为主，全生育期施肥量的80%作底肥施入，追肥宜早不宜晚，少施早施促苗发。机插苗个体较小，插秧后3~5 d内要进行第一次追肥，根据土壤肥沃程度，一般亩追施碳铵30 kg或尿素10 kg。插秧10~15 d进行第二次追肥，追肥量视苗情而定。

四、病虫草害防治

(一)除草

结合第一次放水亩用60%丁草胺乳油封闭杂草。方法是在药瓶盖上锥直径3~4 mm的小孔，然后手持瓶尾甩撒。也可用毒肥法施药，将每亩所用丁草胺乳油先滴入少量干细土中拌匀，再加入尿素或复合肥拌和均匀。不能先将药与化肥拌和，以免掺拌不匀。除草药剂要随拌随用，不要堆放过夜。毒土、毒沙拌匀后要堆闷1~3 h后才能撒施。

机械插秧稻田在插秧10 d后使用5.3%丁西颗粒除草剂750 g/亩掺尿素或者复合肥

撒施也有较好的效果。

使用丁草胺的注意事项如下：

(1)丁草胺不能用于养鱼、蟹稻田，残药和清洗药械残液也不能倒入池塘、河流。

(2)施药操作要遵守农药安全使用规则，如有药液溅入眼睛，应用清水冲洗；如溅及皮肤，要用肥皂洗净；误服者应立即送医院治疗。

(3)丁草胺乳油具有可燃性，配药等应在空气流通处操作。储存要避开高温及有明火处，同时要与粮食、饲料、种子等隔离。

(二)病虫害防治

参照本书第六章“河南沿黄稻区水稻常见病虫害及防治技术”。

第六章　河南沿黄稻区水稻常见病虫害及防治技术

第一节　水稻病害及防治

水稻病害种类较多，对比小麦田病害，水稻病害更为复杂，对水稻的整个生长和后期产量都有很大的影响。河南沿黄稻区主要病害有稻瘟病、纹枯病、条纹叶枯病、水稻菌核病、白叶枯病、赤枯病、稻曲病等。

一、稻瘟病

稻瘟病根据病发位置的不同分为苗瘟、叶瘟、节瘟、穗颈瘟、谷粒瘟等。稻瘟病基本在水稻整个生理期都会发病。稻瘟病是水稻四大病害之一，危害水稻的各个部分。稻瘟病的爆发会造成水稻减产，根据病害程度不同，一般会造成10%~40%的减产。不同品种对稻瘟病病菌敏感程度有所差异，粳稻较籼稻病害更为严重。由于该病在水稻整个生育期都会发病，所以要时刻关注，了解稻瘟病的发生、发展状态，提前预防，减轻病害对水稻生长的影响。

（一）类型

1.苗瘟

苗瘟由种子携带病菌引起，多发生在三叶期前，一般不形成明显的病斑，多变为黄褐色枯死。

2.叶瘟

水稻整个生育期都有可能发生叶瘟，发病后病斑形成在叶片上，初期出现针头大小的褐色斑点，很快扩大，一般在水稻分蘖期为病发高峰期，严重时，远看发病的田块如火烧过。叶瘟所呈现的病斑分为以下几种：

（1）急性叶瘟。病斑不规则，有针头大小，大的病斑两头稍尖，水渍状，暗绿色，背面密生灰绿色霉菌。

（2）慢性叶瘟。急性叶瘟在天气干燥的情况下可转化为慢性叶瘟，病斑梭形，外围黄色，中间褐色的是坏死部分，褐色坏死线贯穿病斑并向两头延伸。

（3）褐点型叶瘟。病斑为褐色小点局限在叶脉间，天气干燥时，感病植株中下部叶片上出现，适温、高温时会转变成慢性病斑。

3.穗颈瘟

穗颈瘟发生在穗颈和穗轴，分枝梗上，染病初期出现小的淡褐色病斑，边缘有水渍状的褪绿，并向四周扩展，随着病菌的繁殖穗颈节梗坏死，植株无法向穗位供应养分，从而形成秕谷、白穗，直接造成死穗，会对产量产生较大影响。

4.节瘟

节瘟一般发生在剑叶下一二节上,初生为黑褐色小斑点,逐渐呈环状扩展,最后整节变成黑色,造成茎秆节部弯曲或者折断。

5.谷粒瘟

发病早的病斑呈椭圆形,中部灰白色,以后整个谷粒变成暗红色的秕谷,发病迟的形成不规则的黑色斑点。

图例见附图 6-1~附图 6-4。

(二)发病规律

稻瘟病病菌以菌丝分生孢子,在种子和稻草上越冬,天气较暖、降雨潮湿时,大量病菌从病草中飞散出来传播,飞落到稻株上,侵入植株,吸收养分,破坏植物细胞。适宜的环境只需要 4~5 d,就能看到染病的病斑。

当气温为 24~28 ℃时,有利于发病,孕穗抽穗期如遇连续低温、阴雨天气,植株生长嫩弱,抗病性明显减弱,往往造成穗颈瘟的流行。

氮肥使用过量、过迟,会诱发穗颈瘟的流行。很多农民总觉得前期水稻颜色不够浓绿,就会不停的加大氮肥的用量,结果导致后期病虫害爆发和大面积倒伏。

(三)防治方法

移栽田苗期,直播田三叶期,苗瘟发生前应及时防治,建议:

(1)20%咪鲜三环唑可湿性粉剂 60~80 g/亩。

(2)42%己唑醇·稻瘟灵悬浮剂 80 mL/亩。

(3)40%稻瘟灵乳油 80~120 mL/亩。

(4)20%三环唑可湿性粉剂 80~120 g/亩。

以上任选一项兑水 20~30 kg 加磷酸二氢钾均匀喷雾,隔 5~7 d 喷一次。

穗颈瘟可在水稻出穗前 5 d 左右喷施,建议:

(1)20%三环唑可湿性粉剂 100~120 g/亩。

(2)20%稻瘟酰胺悬浮剂 20~25 g/亩。

(3)30%异稻稻瘟灵乳油 150~180 mL/亩。

(4)20%咪鲜三环唑可湿性粉剂 60~80 g/亩。

(5)42%己唑醇·稻瘟灵悬浮剂 80~100 mL/亩。

以上任选一项兑水 20~30 kg 均匀喷雾,如天气情况利于稻瘟病发生,建议在水稻齐穗期再喷一次。

化学防治时,以上药物建议轮换交替使用,不要多次重复使用同一种药剂,太过单一的重复使用会导致防治效果下降,病菌产生耐药性等问题的出现。稻瘟病的病发与多种因素有关,一定要根据生产实际,有针对性地选用药剂。

二、纹枯病

纹枯病是由立枯丝核菌侵染引起的一种真菌性病害,在高温、高湿环境中相对严重,在水稻、小麦等作物中较为常见,一般早稻发病率高于晚稻,是水稻最为普遍的病害之一。

河南沿黄稻区近几年纹枯病发生逐年增长，一般在水稻分蘖末期发病，发病初期病斑首先在近水面的叶鞘处，多为椭圆形水渍病斑，病斑由下向上扩大成云纹状，中部灰白色，潮湿时变为灰绿色，病斑逐渐增多。该病对叶鞘、叶片、茎秆、穗部都会造成危害。叶上病症与叶鞘病斑相似，穗颈受害变成湿润状，青黑色，严重时全穗枯死。

密度过大，氮肥施用过多、过迟，稻叶徒长，嫩绿，灌水过深、排水不良，通气透光性差容易诱发此病。温度在 25~32 ℃，且连续降雨的情况下，病情发展迅速；温度在 20 ℃或 20 ℃以下，天气干燥的情况下，发病较慢。图例见附图 6-5、附图 6-6。

（一）防治措施

合理密植，采取相应的水肥管理措施，稻田水层切忌过深，必要时及时晾田，施足基肥，根椐苗情适时适量追肥，增施磷、钾肥，增加植株抗病能力。

（二）化学药剂防治

以下方法任选其一：

（1）每亩 5%井冈霉素水剂 100 mL 加水 45~60 kg 喷雾。

（2）24%噻呋酰胺 20~25 mL，兑水 30~45 kg 喷雾。

（3）24%噻呋酰胺 20 g+25%己唑醇悬浮剂 14~20 mL，兑水 30~45 kg 喷雾。

（4）30%苯醚甲环唑・丙环唑 20 mL 每亩兑水 30~45 kg 喷雾。

以上四种配方视病情程度，可隔 7~10 d 交替换药再喷一次。

三、病毒病

在河南沿黄稻区发生的病毒病主要有条纹叶枯病和黑条矮缩病。条纹叶枯病前几年在原阳大面积发生，造成严重减产；黑条矮缩病近几年也有部分地块发生。病毒病的治疗在秧田期防治效果最佳，搞好秧田预防，大田不易发病。

病毒病宜防难治，一般用香菇多糖或复配相关杀菌剂进行预防，或毒氟磷配植物酶激活剂，5~7 d 打一次，连打两遍，基本上可以控制，秧田防治也可使用这几种药。病毒病主要由褐飞虱传播，苗期采取防虫网阻隔切断传染源，是最经济、环保、有效的防治措施。

品种间对病毒病的抗性差异较大，所以选择抗病品种是防治病毒病的有效途径。

水稻黑条矮缩病见附图 6-7。

四、胡麻叶斑病

胡麻叶斑病的表现为叶片及叶鞘上生有许多芝麻粒状大小褐色病斑，病斑中央为灰褐色，周围有黄色晕圈，严重时能互相联合成不规则的大病斑，病叶由叶尖逐渐向下干枯，根部发黑，造成叶片枯死。

谷粒受害，病斑呈灰褐色或黑褐色斑点，可扩及全粒灰黑色，造成秕谷，湿度大时表面会产生黑色霉层，加工后米粒上会有褐色小斑点。

胡麻叶斑病以菌丝和分生孢子在病谷和带病稻草上越冬，有带病菌的种子，稻壳上潜伏的菌丝能直接侵害幼苗，造成初次侵染，在整个生育病株上形成大量分生孢子反复侵染。砂质土壤保肥保水能力差的地块后期缺肥缺水，有机质含量低、缺钾土壤发病

较重。

防治方法：

（1）更改栽培条件，合理施肥，增施钾肥，适时灌溉培育壮秧，避免缺肥缺水而发病。

（2）不留用带病种子，做好浸种和拌种，杀灭种子和土壤里的病菌。

（3）防治药剂与稻瘟病相同，喷药时加入磷酸二氢钾。

五、稻曲病

稻曲病多在水稻抽穗、扬花期感病，形成穗部病害。稻曲病对产量和大米质量有很大的影响，有稻曲病的水稻加工出的大米亮度相对较差，发黄。

稻曲病病菌危害稻穗上部分谷粒，病发初期颖壳上的合缝处露出淡黄绿色的病菌块，随着病菌发展，菌块逐渐膨大，最后包裹整个谷粒壳，比一般稻粒大 2~4 倍，为墨绿色，表面平滑，最后开裂，布满墨绿色粉末状病菌的孢子，切开病粒中心为白色，外围分为三层，外层为墨绿色，第二层为橙黄色，第三层为淡黄色。

病菌菌核在地面病草、稻谷壳上越冬，病菌借气流传播，一般氮肥量过大、叶片过绿容易感病，最早在剑叶展开后即可由剑叶叶舌侵入穗苞。另外，在抽穗扬花时随颖壳张开，从而进入高危侵染期，又因病菌在花器内感染，闭颖后病情由内而外发展，发病后极难控制，故而药剂防治上应以预防为主。水稻稻曲病见附图 6-8。

防治措施：

（1）选用抗病品种。

（2）避免在病田留种。

（3）结合浸种和包衣杀死病菌，控制氮肥，增施磷钾肥。

破口前 5~7 d，亩用 30%苯醚甲环唑 · 丙环唑 30 mL 或 8%井冈霉素水剂 250~300 mL+10%己唑醇+有机硅 10 g 兑水 30 kg 喷雾，可同时控制稻曲病和纹枯病，也可用 12.5%氟环唑 40~50 g+有机硅 10 g 兑水 30~40 kg 喷雾。抽穗 30%~50%时再喷一次，用药与上一次相同，这一次用药不能过晚，齐穗期再用药效果差。

六、干尖线虫病

干尖线虫病在水稻苗期常不表现症状，孕穗后症状逐趋明显，通常是剑叶及以下 1~2 叶片尖变黄，然后干枯捻转卷曲而成干尖，干尖和绿叶片连接处有明显一段叶片灰白而薄，受害植株尤其是剑叶明显缩短，穗小秕籽多，千粒重下降。

干尖线虫以成虫幼虫在谷粒颖壳中越冬，干燥条件下可存活 3 年，浸水条件下能存活 30 d，浸种时种子内线虫复苏游离于水中，遇幼芽则从芽鞘缝钻入，附于生长点，叶芽新生嫩叶尖端的细胞外，刺入细胞吸食汁液，致被害叶形成干尖。线虫在稻株体内生长发育并交配繁殖，随稻株生长侵入穗原基，孕穗期集中在幼穗颖壳内外，造成穗粒带虫。线虫在稻株内可繁殖 1~2 代并随种子传播。水稻干尖线虫危害见附图 6-9。

防治措施：

（1）选择无病田块留种。

（2）浸种时加入杀螟丹及相关化学制剂防治。

七、根结线虫病

根结线虫近几年在河南沿黄稻区呈上升趋势，在各个县区稻田均有发生。根结线虫病对水稻危害较大，防治成本高，并且难以防治。

（一）症状

水稻受害后，根尖扭曲变粗，膨大，形成根瘤，根瘤病根呈圆块状，后发展成椭圆形，两端稍尖，棕黄色至棕褐色以至黑色，病块逐渐变软、腐烂，外皮易破裂。幼苗期 1/3 根系出现病瘤时，稻苗瘦弱，叶色淡，返青迟缓，分蘖时根瘤数量增加，病株矮小，叶片发黄，茎秆细小，根系短而少，后期结实率低，秕谷多。

根结线虫病一般以一二龄幼虫在根瘤中越冬，第二年二龄幼虫侵染水稻根部，寄生于根皮和中柱间，刺激细胞形成根瘤，幼虫经 4 次蜕皮变成成虫，雌虫成熟后留在根瘤产卵，在卵内形成一龄幼虫，经一次蜕皮，以二龄幼虫破壳而出，离开根瘤，活动于土壤和水中，侵入新根。

根结线虫可借水流、肥料、农具和农事活动传播，多侵染新根，酸性土壤、沙性土壤、土壤肥沃发病较重，连作水稻田发病重，水旱轮作发病轻。

水稻根结线虫危害见附图 6-10。

（二）防治措施

（1）水旱轮作，冬季翻耕晒田。

（2）每亩用生白灰 75~100 kg 翻地撒施。

（3）每亩用 10%克线磷颗粒剂 2~3 kg 撒施。

（4）用生物菌抗根结线类的药剂冲施。

八、水稻赤枯病

（一）症状

生长受阻，植株矮小，分蘖率低或不分蘖，叶片窄短、直立、卷曲，叶片由下而上呈赤红色或有褐色斑点，严重的心叶出现淡黄条斑，枯死，远看呈褐红色。根部老化，无新根或很少，发黑，有臭味。

（二）发病原因

移栽后一般 10~20 d 发生，它是一种生理性病害，缺钾、磷、铁症。水稻移栽后温度高，氮肥使用量大，长期积水深，土壤透气性差，根部缺氧，影响水稻对磷、钾、锌等元素的吸收利用而发病。

耙地灭茬时麦秸秆、麦糠过多，长时间淹水，根漂浮不定，扎不到土壤里，当高温氮肥量过多时秸秆快速腐烂形成硫化氢等多种有毒物质，危害水稻根部，使水稻根不能正长吸收养分，造成磷、钾、锌及中微量元素比例失调。

（三）防治措施

（1）加强田间管理，增施磷、钾、锌肥，水稻移栽后小水勤灌，干湿交替，深水地块适当排水晒田，增加土壤的透气性，促进根系发育。

（2）对已发病的稻田及时排水、晒田，增施钾肥、硫酸锌、硫酸亚铁等。

(3)每亩喷施50%异稻瘟净120~160 mL+磷酸二氢钾+植物调节剂，兑水25~30 kg均匀喷雾，5~7 d再喷一次，连喷施两次。

第二节　水稻虫害及防治

河南沿黄稻区水稻虫害主要有螟虫、稻苞虫、卷叶螟、稻螟、负泥虫、稻象甲、蓟马、稻飞虱等。

一、稻飞虱

稻飞虱是水稻上的主要害虫之一，在河南沿黄稻区发生的主要有褐飞虱、灰飞虱和白背飞虱。褐飞虱和白背飞虱是远距离迁飞性害虫，先从东南亚各国迁到我国南部几省繁殖后代，8月下旬至9月上旬再向河南省及其北部地区迁飞，有些年份一旦大规模繁殖爆发，可造成水稻绝收。灰飞虱是水稻病毒病主要的传播者，在河南沿黄稻区从水稻秧苗开始危害，且繁殖能力极强，在水稻秧苗期的苗床上经常能看到灰飞虱的存在，所以一定要做好水稻秧苗期灰飞虱的防治。

图例见附图6-11、附图6-12。

(一)危害

稻飞虱对水稻的危害主要有以下两个方面：

(1)稻飞虱直接吸食水稻叶片汁液，造成稻株营养成分和水分大量流失，被害稻田先出现失绿，小面积枯死，后逐渐扩大成片，甚至很快全田大面积死亡。

(2)稻飞虱还会传播水稻病毒病，造成间接危害，如褐飞虱传播的齿叶矮缩病，灰飞虱传播的条纹叶枯病、黑条矮缩病、条纹矮缩病等。其中，灰飞虱传播的条纹叶枯病和黑条矮缩病等病害造成的危害甚至超过了其吸食汁液造成的危害。

此外，稻飞虱在吸食过程中还排出大量的蜜露，粘满蜜露的叶片常滋生烟霉病，影响叶片正常的生理功能。稻飞虱成虫产卵时刺穿组织，造成大量伤口，为小球菌等病菌的侵害提供了有利条件。

褐飞虱和白背飞虱主要是从南方迁飞河南省。褐飞虱在本地繁殖2代，9月底10月初水稻收获后随大陆反气旋向南迁飞。白背飞虱5月底6月初开始随气流陆续迁飞，河南省数量很少，高峰迁飞在7月底至8月中旬，在河南省繁殖代数较多，且数量大，在9月上旬随东北气流向南迁飞。

灰飞虱在麦田杂草里越冬，一年繁殖多代，是病毒病的携带者和传播者。

(二)防治方法

(1)控制氮肥的使用量，特别是苗期，苗壮而不旺，改变飞虱的生存环境，降低飞虱繁殖系数，减少飞虱危害。

(2)秧苗期间一定要及时定期防治，也可以用小拱棚防虫网隔离防治。

(3)大田根据虫量进行化学防治，建议：

①52%噻虫嗪杀虫单可湿性粉剂100~120 g/亩，兑水30~40 kg喷雾；

②25%噻虫嗪可湿性粉剂35~45 g/亩，兑水30~40 kg喷雾；

③48%毒死蜱乳油 80~100 mL/亩,兑水 30~40 kg 喷雾;

④30%吡蚜噻虫胺悬浮剂 20~30 g,兑水 30~40 kg 喷雾。

二、稻纵卷叶螟

稻纵卷叶螟属迁飞性害虫,也是河南沿黄稻区水稻主要害虫之一,在河南沿黄稻区出现危害主要是 8 月上旬,迁徙高峰出现在 7 月下旬至 8 月上旬,迁徙高峰后 10~15 d 是防治的有利时机。

(一)危害

稻纵卷叶螟蛾白天停息于稻株下部或草丛中,夜间活动,有趋光性,卵散产在嫩绿的稻叶上,一只雌蛾可产 80~90 粒卵。幼虫行动活泼,有转叶危害的习性。初孵幼虫常群集于心叶、叶鞘内,啃食叶肉,形成白色斑点;二龄幼虫则一般在叶尖或顺侧面结成小苞;三龄后开始吐丝,缀合叶片中部做成纵卷的圆状单叶苞,在苞内啃食叶肉,仅留表皮,形成白色条斑,严重时,全叶枯白,在傍晚阴雨天危害加重;老熟幼虫在稻丛基部枯叶或叶鞘中作薄茧化蛹,也有少数在稻叶上结苞化蛹。

防治稻纵卷叶螟需在幼虫幼嫩身上的腊质层还未完全形成,不具备抗药性时施药,对水稻叶片还没有造成危害,保叶效果好。

稻纵卷叶螟防治在水稻分蘖期、幼虫盛期、低龄虫一二龄、稻田有零星发生时,防治过早或过晚都会影响防治效果。河南沿黄稻区的最佳防治时间是 7 月 26 日~8 月 3 日。

图例见附图 6-13。

(二)化学药剂防治建议

以下方法任选其一:

(1)5%阿维菌素 40~60 mL/亩。

(2)阿维氟铃脲可湿性粉剂 60~80 g/亩。

(3)10%阿维杀虫丹微乳剂 120~160 mL/亩。

(4)10%阿维三唑磷乳油 120~150 mL/亩。

(5)1.8%阿维菌素 60~80 mL+25%毒死蜱 30~50 mL/亩。

(6)20%氯虫笨甲酰胺 15~20 mL+1.8 阿维菌素 35~50 mL/亩。

以上六种配方亩用药量兑水 25~30 kg 喷雾。

三、二化螟

(一)危害

二化螟的危害在水稻分蘖期出现,前期会造成水稻枯心和枯鞘,孕穗和抽穗期受害会出现枯孕穗和白穗,灌浆乳熟期受害会出现半枯穗和虫伤株,秕粒增多。

二化螟幼虫在稻草和稻茬及稻茬根部越冬,从 4 月下旬到 7 月中旬,春暖后大量的幼虫钻入小麦、杂草等植株内危害,在 5 月中下旬大量蛾迁飞秧田,在秧田里繁殖危害秧苗,6 月上旬幼虫对秧苗危害最重,6 月中旬化蛾产卵,包括小麦成熟后麦田里的蛾,迁入秧田产卵,6 月中下旬水稻插秧,使苗田里的虫卵带入大田,在水稻分蘖期进行危害,出现枯心和枯鞘。

图例见附图 6-14～附图 6-17。

(二)防治措施

(1)秧田冬前和开春进行冬耕,拾净苗田里的稻茬,清除苗田周边杂草,减少苗床带卵数量。

(2)为了防止虫卵带入大田,压低大田发生基数,在移栽前 3～5 d,用 80%杀虫单或 20%氯虫苯甲酰胺 5 mL 等化学药剂,兑水 15 kg 对苗床进行喷雾。

(三)药物防治建议

(1)25%阿维毒死蜱乳油 100～120 mL/亩,或 20%阿维三唑磷乳油 80～100 mL/亩。

(2)46%杀虫单苏云菌可湿性粉剂 80～100/亩。

(3)甲氧虫酰肼悬浮剂 30～35 mL/亩。

(4)18%杀虫双水剂 280～320 mL/亩。

以上配方亩用量兑水 30～40 kg 均匀喷雾,用药时保持水层 5 cm 左右 5～7 d。

四、三化螟

(一)症状

三化螟与二化螟危害症状相似,在河南沿黄稻区生 2～3 代,老熟幼虫在稻茬内越冬,开春气温 16 ℃左右,越冬幼虫陆续化蛹、羽化。成虫白天潜伏在稻株下部,晚上飞出活动,有趋光性,把卵产在叶片背面。初孵幼虫在分蘖期爬至叶尖后吐丝下垂,随风飘至邻近的稻株上,在距离水面 20 cm 左右的稻茎下部咬孔钻入叶鞘后蛀食稻茎,形成枯心苗。在孕穗期即将抽穗的稻田,幼虫在稻苞叶鞘上咬孔或从叶鞘破口处侵入危害稻花,经 4～5 d,幼虫达到二龄,稻穗已抽出,开始转移到穗颈处咬孔向下蛀入,再经 3～5 d 把稻茎咬穿咬断,形成白穗。

大田防治二化螟应掌握幼虫孵化盛期,低龄幼虫期是防治的关键时期,水稻分蘖期螟卵孵化高峰后 5～7 d。

防治三化螟应在幼虫孵化盛期,可选用下列杀虫剂交叉使用以免产生抗性。

(二)防治建议

(1)15%阿维三唑磷微乳剂 70～100 mL/亩。

(2)90%杀虫单可溶性粉剂 60～80 g/亩。

(3)三唑磷乳油 100～150 mL/亩。

(4)40%毒死蜱乳油 80～100 mL/亩。

(5)40%乙酰甲胺磷乳油 120～160 mL/亩。

(6)1%甲维盐 80～120 mL/亩。

以上配方亩用量兑水 30～40 kg 均匀喷雾,间隔 5～7 d 再喷一次。

五、稻苞虫

稻苞虫属鳞翅目弄蝶科,是水稻主要的害虫之一,属爆发性害虫。随着栽培技术的提高和预防措施的提升,发生数量逐渐减少。近几年由于直播水稻面积的增加,稻苞虫的发生呈上升趋势。它主要危害水稻的叶片,幼虫轻度会造成叶片缺损,重度会将所有

叶片吃光，从而影响水稻光合作用，造成后期穗粒数少、抽穗迟、空秕率高、千粒重低等。

稻苞虫成虫体长 16~20 mm，翅展约 40 mm，体为黑褐色，前翅有 8 个大小不等的不规则透明斑点。

幼虫体为黑褐色，二龄后变为淡绿色或绿色，老龄幼虫体长约 30 mm，两端较细，中间粗大，头部有“w”形褐纹。

稻苞虫在河南省不能越冬，一年发生 3~4 代，前几代均属外来虫源，4 代左右属本地虫源。第一代幼虫于 5 月底 6 月初发生，在秧田内为害，数量相对较少；第二代幼虫在 6 月下旬到 7 月初发生，主要危害水稻分蘖期；第三代幼虫 7 月底 8 月初大量发生，危害拔尖至抽穗。

一二龄幼虫多在叶部卷成小苞，三龄后会将 2 片或 2 片以上的叶片粘连在一起卷成大苞，虫龄越大，虫苞也越大。一般情况下，幼虫白天晴天藏在卷成的虫苞内不活动，傍晚或夜间取食或爬出危害叶片，另结新苞，蚕食叶片。老龄虫会将多个叶片粘连在一起结成大苞后作茧化蛹。在蚕食叶片卷苞时，对水稻的叶片造成很大危害，甚至吃光叶片。

图例见附图 6-18、附图 6-19。

（一）发生条件与防治方法

河南省的稻苞虫多属于外来虫源，7 月左右外来蛾迁入，水稻处于分蘖期，一些田块施肥偏多、偏迟，叶片相对较嫩绿，有利于成虫产卵，孵化幼虫，开始危害田块。

预防和减轻稻苞虫发生危害的有效措施是，施足底肥，早施追肥，增施磷、钾肥，使稻苗生长健壮，分蘖末期叶色很快由深绿变为淡绿色，可以避免或减少成虫产卵，从而减轻幼虫危害。

（二）药剂防治

防治稻螟虫和稻纵卷叶螟的相关药剂均可用于防治稻苞虫，阴天全天进行施药，晴天应在 17：00 以后进行防治，效果最佳。

六、稻蓟马

稻蓟马是水稻秧田和分蘖期的主要害虫，除危害水稻外，同时危害麦类、玉米等作物。河南沿黄稻区发生的稻蓟马危害主要有蓟马和稻管蓟马两种，以蓟马为主。

稻蓟马生长期分为虫、卵、若虫三个虫态，成虫体长 1.2 mm 左右，黑褐色，带有翅。卵散产于叶脉表皮下，能看到针头大小白色圆点，为黄色半透明状。若虫前期为乳白色，二龄若虫渐变成淡黄色，腹可透视看到绿色食物。

稻蓟马以成虫在麦类和禾本科杂草上越冬，早春气温回升后会在越冬的植物上取食繁殖，当秧苗二至四叶期，部分成虫迁飞到秧田危害秧苗并繁殖生长，在秧苗上的成虫会大量迁飞到大田危害繁殖。

稻蓟马的发生与气候条件有密切关系。干旱温度偏高的天气环境稻蓟马的繁殖速度快，为害较重；不适宜的环境下，危害相对较轻。秧苗三叶后和大田分蘖期最有利于稻蓟马的发生，虫量会迅速增加，拔节后逐渐减少。同一气候条件下，田间虫量与插秧期和氮肥量有关，插秧早、施氮肥多、返青快、叶色嫩绿的田块，稻蓟马发生早、繁殖快、危害重。

图例见附图 6-20。

(一)危害症状

秧苗期叶尖卷缩枯黄,成片秧苗枯焦、黑根,近看叶片上有赤红色斑点,造成稻苗生长受阻,停止或少分蘖。后期还会潜入颖壳危害,造成秕谷。

(二)药物防治建议

(1)5%高效氯氟氰菊脂 1 000 倍液喷雾。

(2)10%吡虫啉可湿性粉剂 1 000 倍液喷雾。

(3)30%吡蚜噻虫胺 10 g。

(4)40%毒死蜱乳油 50 mL。

以上配方亩用量兑水 15 kg 喷雾。对危害较重的可加入微肥喷雾,促秧苗生长增根和抗虫能力。

七、稻象甲

(一)症状

稻象甲为鞘翅目,象虫科。成虫体长约 5 mm,黑褐色,头部如象鼻,有触角。幼虫孵化后沿稻茎入土,幼虫为蛆形,以水稻须根为食。危害时,拔除稻根能看到幼虫,被危害的水稻叶尖发黄,甚至谷粒空秕或不能抽穗。幼虫老熟后作土化蛹,成虫食害秧苗茎叶,被害心叶出现排孔,甚至造成断茎或断叶。

图例见附图 6-21。

(二)药物防治建议

在成虫盛发期,水稻叶片初见虫孔时进行防治。20%三唑磷乳油 80~100 mL/亩,或 2.5%氯氟氰菊脂乳油 60 mL/亩,或 25%噻虫嗪水分散颗粒剂 15~20 g/亩,兑水 40~60 kg 均匀喷雾。

第七章　水稻施肥技术

水稻一生所需的元素大概有氮、磷、钾、硅、铁、镁、锰、钼、氯、硫、铜、硼、钙等十几种，这些元素在水稻生产过程中缺一不可，任何一个元素供应不足都会对水稻的生长、产量、品质造成直接或间接影响。大多所需元素一部分由空气和水提供，一部分由土壤和施肥提供，不同地块的土壤的各种元素含量是不同的，这就是不同地块产量不同的原因。一些元素缺失得不到补充，会影响水稻对其他元素的吸收利用，只有科学施肥，才能有效改良土地肥力的均衡性。根据原阳县土壤养分监测情况，总的施肥原则应该是：限施氮肥，稳定磷钾肥，增施有机肥，增加土壤有机质含量，这样才能缓解土壤养分不均衡状态，提高肥料利用率，进而提高水稻的产量和品质。其他县区也应根据当地的土壤肥力情况，确定相应施肥原则。

施肥量视稻田肥力和产量指标而定，亩产 700 kg 以上的田块要求施纯氮 15~20 kg/亩、五氧化二磷 8~10 kg/亩、氧化钾 15~20 kg/亩。相当于尿素 35~45 kg/亩、含磷量 16%的钙镁磷肥 45~50 kg/亩或磷酸二铵 15~20 kg/亩、硫酸钾 15~20 kg/亩。

在施肥方式上，底肥如以有机肥为主，用量不少于 1 800 kg/亩；若以化肥为主，化肥施用量占全生育期氮肥 30%、磷肥 100%、钾肥 70%；分蘖肥主要是氮肥，在移栽后 7~10 d，亩施氮肥占全生育期用量的 50%；穗肥在分蘖够苗、晒田复水后施用，亩施氮肥占全生育期用量的 15%、钾肥占 25%；粒肥在抽穗后施用，施用时要视苗情、天气酌情施用，群体叶色褪淡、天气多晴好的施粒肥，反之不施。一般粒肥施氮、钾肥占总量的 5%，也可进行叶面喷施，用营养型的叶面肥在抽穗扬花期进行叶面喷雾。

一、各种元素的主要生理作用及缺素的主要症状

各种元素的主要生理作用及缺素的主要症状见表 7-1。

表 7-1　各种元素的主要生理作用及缺素的主要症状

元素	主要生理作用	缺素的主要症状	过量的害处
氮	1.植物体内蛋白质的主要成分 2.叶绿素的主要成分 3.促进根、茎、叶、籽的生长发育	1.茎秆硬而细小 2.叶色黄绿，叶片窄，叶片数减少 3.不发根、不分蘖 4.早熟	1.分蘖多而软弱 2.病虫害较多 3.青晚熟 4.易倒伏
磷	1.促进根系发育和养分吸收 2.加强分蘖 3.提高稻谷品质 4.加强各个生育期生长点的发育	1.形成僵苗，不出叶，叶片窄 2.分蘖少或不分蘖 3.成熟期延迟	1.增产关系不大 2.会引起缺锌症 3.严重过量会中毒，稻苗成丛状，叶片发黑小而短，黑根

续表 7-1

元素	主要生理作用	缺素的主要症状	过量的害处
钾	1.提高根部活力,延缓叶片老化 2.增强抗病虫害及自然灾害的能力 3.提高淀粉合成 4.籽粒饱满	1.叶片宽短,叶尖卷曲,易引发部分病害 2.出穗提前,秕粒多,千粒重低	
钙	1.有助于碳水化合物在植物体内的运转,有利于根的发育,增强抗病能力 2.中和体内不正常的有机酸	1.叶片柔软 2.根系发育不良	降低磷和锌的利用率
镁	1.增加叶绿素的合成 2.有利于花芽形成 3.促进磷的吸收,增加磷的利用率	1.叶数增多,叶鞘较长 2.叶绿素少,叶片发黄	叶片徒长过旺
硫	1.增加蛋白质 2.有助于叶绿素的形成	1.叶片减少,叶鞘缩短 2.新叶黄化	生成有毒的硫化氢
铁	1.防止有毒物质对水稻的侵害 2.有助于叶绿素的形成	1.叶绿素不足导致叶片发黄 2.根部易腐烂	对水稻的根部有害
锰	1.促进氧化酵素的活动 2.对叶绿素的合成有一定作用	叶脉绿色,叶肉黄化	可引起缺铁而黄化
锌	1.调节作物对磷的吸收 2.提高作物抗逆性 3.提高光合作用 4.参与植物体内生长素的合成	1.作物生长发育迟缓 2.节间缩短,叶片小 3.影响蛋白质和淀粉合成 4.叶色黄绿不发苗,植株萎缩	溶液中浓度过量有害
硅	1.强化茎叶 2.调节水蒸发 3.提高作物对有害物质的抵抗力	茎、叶徒长,叶片柔软	
铜	一些氧化酸的组成部分	叶发黄	引起污染,水稻吸收浓度过大有害

二、实际生产中施肥存在的问题

这几年下乡与农民朋友接触的过程中,经常有农民反映,现在种地施肥越来越多,过去施三四十千克化肥,亩产四五百千克,现在施五六十千克,肥效还没以前好,是化肥质量下降了?还是土壤的“胃口”增大了?其实都不是,而是在实际生产的施肥过程中,走入了一个恶性循环的怪圈,其表现如下。

（一）过量使用单元素化肥特别是氮肥

河南沿黄稻区水稻实际生产中的施肥量呈阶段性上升趋势，以氮肥为例，20 世纪 80 年代每亩稻田全生育期使用碳铵 40~50 kg，尿素 12.5~15 kg，现在一般是碳铵 60~75 kg，尿素 20~50 kg。增长幅度达 30%多。其他大量元素化肥增长幅度也大体如此。但产量仍维持在 500~600 kg。这一现象说明：一是土壤情况在进一步恶化，二是肥料利用率呈下降趋势。农作物一生中需要吸收的各种养分是有一定量和比例的，多了浪费，少了不行，搭配不合理也不行。如氮、磷、钾、钙、镁、硫、铁等大中量元素和硼、锰、钼、锌、铜等微量元素都是水稻生长必不可少的。这些元素各有专长，在作物体中缺少哪一个都不行，水稻也不例外，所以保持施肥的均衡性是稳定提高产量的关键。

现在市场上销售的化肥氮肥以尿素、碳铵为主，复合肥、复混肥大多是氮磷钾三元的。长期使用单元素化肥的结果是土壤中的营养元素多的太多，少的更少，而作物的产量和品质往往是木桶效应中那块最短板来决定的。

如磷能促进作物体内细胞的分裂增殖和有机物的合成、转化、运输，提高作物的抗旱性、抗寒性、抗病性，并能提高产量和品质，如果供磷不足，茎、叶就会停止生长，根系发育不良，分蘖少，抽穗、开花、成熟延迟，籽粒不饱满，产量不高。

如果在缺磷的田块大量施用氮肥，即使施得再多，产量也提不上去；如有的地块少钾元素，大量施用氮肥和磷肥，同样难以达到显著效果。所以，要想夺得水稻高产，平衡施肥、配方施肥是关键。

（二）土壤缺乏有机质、耕性差

在稻田大量使用碳铵、尿素、复合肥，而忽视施用农家肥、有机肥料，结果土壤中铵离子将土壤胶体上吸附的钙代换出来，随水流失，年复一年，土壤团粒结构越变越差，最后形成板结，影响土壤透气、透水和持水性能，抑制土壤中有益微生物的活性。目前，原阳县土壤有机质含量仅为 1.139%，其他县市也大体如此。农作物生长在团粒结构差的土壤里，影响根系对养分的吸收，导致植株生长发育不良，会出现多种生理性病害症状。在这种土壤结构情况下，增施再多的单元素化肥，也不会有明显的增产效果。不增产农民就觉得是肥料施用得少了，就继续加大施肥量，这样的恶性循环使土壤问题越来越严重。最好的解决办法是全量秸秆还田，大力提倡增施农家肥和有机肥，培肥地力，改变土壤团粒结构和土地耕性。

（三）施肥方法不当

河南沿黄稻区近几年施肥多为“一炮轰”方式，一次性施入量过大，没有按照水稻需求规律施肥，导致大量浪费。所有作物都有各自不同的养分需求规律，水稻的需肥规律是：

（1）氮素。水稻对氮素营养十分敏感，是决定水稻产量最重要的因素，水稻一生中在体内具有较高的氮素浓度，是高产水稻所需要的营养生理特性。水稻对氮素的吸收有两个明显的高峰：一是水稻分蘖期，即插秧后两周；二是插秧后 7~8 周，此时如果氮素供应不足，常会引起颖花退化，而不利于高产。

（2）磷素。水稻对磷的吸收量远比氮肥低，平均约为氮量的一半，但是在生育后期仍需要较多吸收。水稻各生育期均需磷素，其吸收规律与氮素营养的吸收相似。以幼苗期和分蘖期吸收最多，插秧后 3 周前后为吸收高峰。此时在水稻体内的积累量约占全生育期总磷量的54%左右，分蘖盛期每1 g干物质含P_2O_5最高，约为2.4 mg，此时磷素营养不足，对水稻分蘖数及地上与地下部分干物质的积累均有影响。水稻苗期吸入的磷，在生育过程可反复多次从衰老器官向新生器官转移，至稻谷黄熟时，60%~80%磷素转移集中于籽粒中，而出穗后吸收的磷多数残留于根部。

(3)钾素。水稻抽穗开花前其对钾的吸收已基本完成。幼苗对钾素的吸收量不高，植株体内钾素含量在0.5%~1.5%不影响正常分蘖。钾的吸收高峰是分蘖盛期到拔节期，此时茎、叶钾的含量保持在2%以上。孕穗期茎、叶含钾量低于1.2%，颖花数会显著减少。出穗期至收获期茎、叶中的钾并不像氮、磷那样向子粒集中，其含量维持在1.2%~2%。

插秧后“一炮轰”方式施肥使水稻需肥少的时候养分过剩，肥料通过蒸发和随水土流失，导致肥料利用率下降；大量需肥的时候吃不饱，影响水稻正常生长。另外，养分间具有竞争和拮抗作用，某种元素过多会影响其他元素的释放，导致营养不平衡。

目前，河南沿黄稻区的肥料整体利用率只有30%~40%，碳铵利用率更低，一般只有20%多。建议改“一炮轰”施肥方式为实行配方施肥、精准施肥和使用缓释肥，使水稻全生育期能保证养分的均衡供给。

三、影响水稻吸收养分的环境条件

(一)光照

通过影响水稻叶片的光合强度而对某些酶的活性、气孔的开闭和蒸腾强度等产生间接影响，最终影响到根系对矿质养分的吸收。

(二)溶液浓度

影响水稻根系的生长发育；影响土壤养分的浓度、有效性和迁移；影响土壤透气性、土壤微生物活性、土壤温度等，从而影响养分形态、转化及有效性。

(三)温度

一般在6~38 ℃，根系对养分的吸收随温度升高而增加。温度过高(超过40 ℃)时，高温使水稻体内酶钝化，从而减少了可结合养分离子载体的数量，同时高温使细胞膜透性增大，增加了矿质养分的被动溢泌。低温往往使水稻的代谢活性降低，从而减少养分的吸收量。低温时根系不易吸收磷、镁、锌、锰、硼。例如，气温由21 ℃降到13 ℃，可供磷降低70%。

(四)水分状况

水分状况是决定土壤中养分离子以扩散还是以质流方式迁移的重要因素，也是化肥溶解和有机肥矿化的决定条件。水分状况对水稻生长，特别是对根系的生长有很大影响，从而间接影响到养分的吸收。根系在干旱条件下，所有养分都难以吸收。

(五)介质通气状况

介质通气状况主要从三个方面影响水稻对养分的吸收：一是根系的呼吸作用；二是有毒物质的产生；三是土壤养分的形态和有效性。良好的通气环境能使根部供氧状况良好，并能使呼吸产生的CO_2从根际散失。这一过程对根系正常发育、根的有氧代谢以及离子的吸收都有十分重要的意义。

(六)土壤酸碱度

土壤酸碱度也就是pH，它在很大因素上也制约着作物的生长和养分的有效吸收。

土壤的酸碱度对养分的释放有很大影响，酸性和碱性土壤都会导致水稻根系难以吸收营养元素，土壤养分释放的最佳 pH 值为 6.0～6.5（微酸性土壤）。

（七）根系的影响

根系对不同元素吸收效果差异很大，如对磷的吸收仅为氮的 1/10。苗期根系不发达，容易缺乏磷、锌等前期促长养分；根系发育不良，易缺磷、钾及中微量元素。根系吸收营养在分配上具有局限性，根部吸收的养分不能完全满足叶片和果实的需求。

三个施肥概念误区：

（1）常年超量使用化学肥料，使土壤的团粒结构严重变差，保肥、持水能力下降，作物根系生长发育不良，肥料吸收利用率变低，导致必须加大肥料使用量，进入一个恶性循环的怪圈。

（2）农户科技意识相对落后，认为只要多施肥就能夺得高产，宁愿在多买化肥上增加投资，也不愿在长效培肥土壤上下功夫。

（3）没有服务机构开展配方施肥业务推广，农民不知道自己的土地缺什么、需要什么，随大流、盲目施肥已是普遍现象。

四、需肥量的计算

以生产 600 kg 稻谷需要氮、磷、钾为例，水稻生产 600 kg 稻谷对氮、磷、钾三要素吸收数量，因不同稻区土壤条件以及品种不同而有一定差异。但无论在什么区域，施肥量都是随产量的提高而逐渐增加的。生产 600 kg 稻谷一般需要施入纯氮 12 kg、五氧化二磷 6 kg、氧化钾 18 kg，三要素之比为 2∶1∶3。

怎样计算和确定每亩化肥的施用数量？施肥量的计算要根据品种、产量指标、土壤肥力、肥料类型等综合条件确定。一般可采用下式进行计算：

$$\text{化肥施用量}=\frac{\text{计划产量的养分吸收量}-\text{土壤供肥量}-\text{施入的其他肥料供肥量}}{\text{肥料含养分百分数}(\%)\times\text{肥料利用率}(\%)}$$

式中，计划产量的养分吸收量＝每亩计划产量（kg）×1 kg 稻谷需要的营养元素量－土壤供应肥量＝无肥区产量的养分吸收量。

$$\text{有机肥供肥量}=\text{每亩施用量}(\text{kg})\times\text{含氮量}(\%)\times\text{利用率}(\%)$$

一般有机肥含氮量为 0.5%，利用率氮为 25%、磷为 25%、钾为 50%；化肥利用率一般氮为 40%、磷为 15%、钾为 50%。

根据某一稻区基础地力产量贡献按 300 kg/亩计算，设定产量目标 650 kg/亩，生产实践表明，每生产 100 kg 稻谷吸收氮、磷、钾的数量分别是 2 kg、1 kg、3 kg，大致比例为 2∶1∶3。河南沿黄稻区目前耕作水平情况下，氮肥利用率最高为 35%～40%。

计算公式：

$$\text{计划施肥量}(\text{kg/亩})=\frac{\text{目标产量}\times\text{单位产量养分吸收量}-\text{土壤供应养分量}}{\text{养分含量}(\%)\times\text{肥料利用率}(\%)}$$

按这样一个常数可计算出 650 kg/亩稻谷所需尿素量为 $\frac{(650\div100\times2)-6-0.15}{46\%\times38\%}=\frac{6.85}{0.175}=39.14(\text{kg})$。

其他元素需求量，按此方法计算即可。

第八章　杂草稻的识别与防除

杂草稻也称鬼稻、野生稻、自生稻等。在杂草稻的定义上存在一定的争议。杂草稻是野生稻的变异，是野生稻与栽培自然杂交的结果，或是栽培稻返祖分离现象，不一而足，总之杂草稻具有出苗早、分蘖多、长势强、成熟早、落粒多、抗病和抗自然灾害能力强等特点。

近年来全国各地稻区杂草稻呈上升趋势，特别是在直播田内，杂草稻的密度更大、更难防除，就目前在对常规水稻相对安全的情况下，还没有靶向目标明确的化学除草剂能有效防除杂草稻，这也成了稻田杂草防除的一大难题。近年来，随着河南沿黄稻区水稻直播种植面积的不断增加，杂草稻的密度和面积也在不断的扩大，部分农民对杂草稻的认识不足，在田间少量时，未进行人工拔除，导致下一年的杂草稻密度不断扩大，有少部分田块杂草稻成荒。如果第二年使用自留种，一定要注意检查田块有无杂草稻的种子，如果发现，尽量更换种子，避免杂草稻大面积发生。

一、杂草稻的特征

(1)杂草稻苗期植株高于正常的粳稻，叶色嫩绿，叶片略大，根系发达，分蘖力强，生长速度快，外观上类似籼稻，一般比正常栽培稻苗多1~2叶。

(2)中期一般植株高大，株型松散，叶片呈放射性向上生长，生势强。

(3)比常规稻抽穗早，叶片宽大，黄化早，植株放射性生长。

二、防除建议

(1)若田地杂草稻不是太多，可结合人工拔草，在落籽前拔除。

(2)不建议用任何化学除草剂防除杂草稻。

图例见附图8-1~附图8-3。

第九章 综 述

一、水稻直播技术综述

直播稻种植管理的所有流程中,时间节点尤为重要,播种,施肥,除草,所有的农事环节要准确到位,中间环节一旦错过最佳管理时间节点,就会推迟后序的管理活动,造成不必要的损失。

水稻直播要选择生育期适合的品种,因为水稻直播比移栽稻播种较晚,播种也要尽量提前,易早不易迟,尽可能让直播稻的齐穗期与移栽稻的齐穗期相当,这样可降低后期天气不确定因素对直播稻熟期的影响。

出苗是水稻直播的风险之一,旱直播一般为机械播种,田块要尽可能整平,建议在旋耕耙地后,再用短齿耙进行细耕,踏实田地,这样播种的深浅度才能一致,出苗齐,方便管理。机械播种深度以1.5~2 cm为宜,播种过深会导致出苗慢,苗弱,或出苗率低。播种后及时灌溉,首次灌溉水层一定要漫过所有地表,使田地有足够的湿度,漏水田块可连续浇两次水。前期的湿度对出苗非常重要,同时合适的湿度能为除草剂封闭创造一个良好的发挥药效的环境。直播水稻除草是保证成败的关键,一般采取“一封二杀三补”的方针,所以在播种后,湿度足够的情况下,无明水后应及时使用除草剂进行封闭。杂草的第一个高峰期出芽很快,如果不及时使用除草剂封闭,就会使杂草萌芽出土,增加苗期杂草的密度和种类,苗后除草的难度就会加大。苗后除草也要尽可能三叶期左右进行,同时和施肥时间错开。如果苗后除草不及时,会使杂草生长过大,这样在保证水稻相对安全的情况下就很难达到除草效果。旱稻的氮肥使用量要相对高于移栽稻,在后期虫量上会略高于移栽稻,所以更要及时预防。直播水稻在施肥方面要根据田块的肥沃程度及时追肥,避免脱肥,影响产量。

二、水稻病虫害防治药物使用综述

病虫害化学防治,坚持以预防为主。在选择药剂时要针对发病时间和条件,使用靶向目标强、低毒高效的药物。要根据有关部门及技术人员对当年气候的预测,以及对病虫害发生程度的预判,把握好病虫害防治的最佳时机,合理用药,综合防治。很多农民在病虫害防治上有这样一个误区,在无病无虫情况下,不用药;到病虫害发生时,大量用药。这种陈旧的思想观念往往会贻误战机,一旦病虫害大量暴发,用药量必然加大,在连续大剂量用药的情况下也难以达到满意的防治效果,不仅影响作物生长及产量和品质,而且增加了生产成本,得不偿失。另外,很多病虫害一旦发生,一般药物治疗效果往往小于预防效果,连续用药在增加生产成本的同时,还对环境造成污染。例如水稻田的卷叶螟,如果不提前预防,发生后卷叶螟随着虫龄增大会慢慢将自己包裹在叶片内,药物喷施后药液不能直接接触到害虫的食用部分,导致施药效果极差。

选择防治害虫的药物时不能一味追求速效性和高毒性,以为前打后死便是好药,其实不然。要注意选择药物的持效性。很多农作物上面的害虫具有迁飞性,即使前打后死,如果没有持效性,相邻田块的害虫同样会在较短时间内再次反扑危害田块。比如稻飞虱,在苗期如果单一使用速效高毒的化学药物干预,几天后,会再次出现大面积危害。高毒性的农药对环境及喷施人员都会不同程度造成危害,同样也危及食品安全。针对不同病虫害要选择低毒高效的药物,在防治现有病虫害的同时还能持续控制病虫害的再次发生,这样既能节约药物成本,又能节约人工成本。对于所有病虫害,都要坚持预防为主、防重于治的理念。根据水稻病虫害的发生时间节点,时刻关注发展进程,在发病前及发病初期及时药物干预,控制病源,事半功倍。根据试验观察,水稻纹枯病发病后,其叶片病斑扩展的速度以天为单位,病斑面积成倍数扩展。现在很多药物的研发都在遵从如何在病发前进行化学药物干预,在保证防治效果的同时,减少用药次数和用药成本。只有选择适当的药剂、适时的防治节点,才能达到较好的预防治疗效果,为农作物的生长提供一个良好的小环境,达到增产增收的目的。

三、农药抗性问题综述

水稻种植过程中总会面临虫害、病害、草害侵袭的问题,解决这些问题的主要方法就是使用农药介入干预,来保证农作物健康的生长。只要农作物使用农药,就会面临一个不可逃避的问题——抗性问题。农药抗性通俗的说就是,在预防治疗过程中频繁使用一种药物,使病虫草形成一种自我免疫效应,以及使用两种甚至两种以上药物产生的拮抗作用导致用药效果不佳或效果不断下降。

(一)抗性产生的机制

在农作物发生病虫草害后,一个优良的农药总能在较短时间内得到广泛推广。当农民使用某个化学农药后,在病虫草害防治方面得到很好认可后,便会以特效药、专治药的概念形成一种思维定式,之后便会大量使用。长期重复单一使用,会缩短农药在农作物上面的使用周期,同时使生存下来的病虫草害的基因结构发生变异,对药剂中的化学成分产生抗体。一旦病虫草害对“特效药”“专治药”产生了抗性或者说是耐药性,使用效果便会下降。而在新的防治药物的研发和推广不够及时的情况下,病虫害问题在一段时间内就成了“绝症”,无药可治。对于“绝症”,我们便会不断增加用量和盲目用药进行防治,产生的问题就是用药成本不断增加,且效果一般,但对环境的破坏却在不断加大,严重威胁食品安全。

农药抗性问题近几年来在河南沿黄稻区的形势比较严重,需要得到重视和关注,例如在水稻浸种上,由于长期依赖性的使用单一的化学药物进行浸种,其效果在不断下降,导致近年来恶苗病的发生呈上升趋势。河南沿黄稻区水稻田主要杂草以稗草及部分阔叶杂草为主,由于长期使用化学成分相同或接近的药物进行防治,其耐药性有不同程度的上升。近两年,直播稻的面积在不断增加,而直播稻田的草情比移栽稻田更加复杂,从杂草的种类和数量上都要高于移栽田,直播田内新增的一些恶性杂草如马唐、千金子、牛筋草等有迅速蔓延之势,使稻田杂草问题变得更加严峻,这也成为阻碍直播稻发展的新增因素。

（二）使用农药的注意事项

（1）用药单一性。长时间选择单一或相同化学成分的农药，会加速杂草产生耐药性。

（2）用药时间的错误性。要结合自家地块的杂草发生情况，把握用药时机，在病虫草害对药物最敏感的时候用药，相反只会事倍而功半。

（3）随意加大用量。很多人在用药时，为了达到防治效果随意加大用药量，而不断的加大用量，会加速杂草产生耐药性，这样会给食品安全埋下风险隐患。

（三）如何减轻抗性问题

（1）复配。防治病虫草害时，要尽量将两种或两种以上的药物混配使用，这样可以减缓农作物对药剂化学成分产生抗性的时间，延长药物的使用周期。

（2）交替使用。如果有两种或两种以上的药物都能防除相应的病虫草害，尽量交替轮换使用，同样可以减缓病虫草害对农药形成耐药性。

四、除草剂药害及预防措施综述

除草剂的应用有很强的技术性。除草剂能很好地解决水稻混生杂草的问题，为我们减少很多人工除草成本，但同时，除草剂也是一把“双刃剑”，为我们解决作物混生杂草的同时，也有一定的概率对作物造成伤害（见附图 9-1～附图 9-3），所以不同的除草剂其混配方式也不同，这需要结合杂草特点、属性等慎重应用。除草剂选择的侧重点与其他农药有所不同，首先考虑的是除草剂对作物的安全性，其次才是除草效果。由于除草剂的成分不同，针对的作物和除草对象也不同，“对草下药”是选择除草剂必须遵从的法则。近年来，田地内的杂草种类不断增加，水稻地的禾本科杂草如稻稗、双穗稗草、青稗、千金子、马唐、牛筋草等，幼苗期相似度很高，农民用了除草剂发现效果不好，多是除草剂没有选对，杂草没有认清。没有一种除草剂能一次防除所有杂草，一定要根据地块内杂草的种类选购除草剂。

（一）用量问题

所有除草剂对作物都有一定的伤害，无非是伤害的程度不同，所以在使用除草剂时一定要把握好用量，大多数除草剂在要求剂量下使用是相对安全的，但是如果超量使用，则会对作物造成伤害。河南沿黄稻区稻田的杂草以稗草为主，一般采取二氯喹啉酸进行化学药物防除。由于对稻稗的用药过于单一，导致效果不断下降，为了增加除草效果，二氯喹啉酸类的除草剂用量也在不断增加，这也导致了近几年来药害问题日益严重，二氯喹啉酸的过量使用会造成水稻“实心”、不分蘖或少分蘖等问题。对于这类问题的解决办法是，一旦发现单一除草剂效果下降，尽量不要盲目加量使用，应重新选择其他针对该类杂草的除草剂，或有针对性地选取两种或两种以上的不同成分除草剂复配。复配混用的好处就是提高除草效能，降低单一除草剂加量造成的药害，减缓单一除草剂形成的耐药性等问题。药物复配一定要在专业技术人员的指导下使用，不是所有的化学除草剂都可以复配混用，有些除草剂复配会产生拮抗作用，使药效下降，而且混用不当还可能造成药害。

（二）除草剂综合影响因素

除草剂对外界因素影响较为敏感，作物品种的不同和杂草的叶龄、土壤湿度、天气的变化等都会影响除草剂的药效。

1.品种

水稻不同品种对除草剂的敏感度是不一样的,比如双草醚类的水稻除草剂,对粳稻和糯稻相对敏感,药害问题严重,多用在籼稻上。河南沿黄稻区以粳稻为主,不建议使用。水稻大龄后可以低剂量使用,但必须由专业技术人员指导作业。

2.叶龄

除草剂对农作物的叶龄和杂草叶龄都有限制,部分除草剂如农作物叶龄过小就会造成黄化、疆苗、枯萎、发育迟缓等问题,同时杂草叶龄过大,则会造成除草效果不理想或无效等情况的发生,所以一定要根据用药时间合理用药。

3.土壤湿度

土壤湿度同样影响着除草效果和药害形成。如果土壤过于干燥,杂草处于半休眠状态,对除草剂的吸收过于缓慢,影响除草效果。直播稻的封闭类除草剂如果土壤过干,将直接影响封闭效果。直播稻田用过封闭类除草剂后至少 7 d 田内要保持地面湿润,但禁止有积水,如遇大雨,一定要及时排干积水。

4.温度

温度是除草剂产生药害与否的主要因素,一定要避开高温天使用除草剂,否则会使稻苗出现黄化、枯萎、生长迟缓、甚至死亡等。建议 17:00 以后使用。

(三)药剂选择及注意事项

1.封闭除草剂的使用

移栽田在秧苗移栽大田后 5~7 d 进行用药,用苄乙·丁草胺、苯噻酰草胺等复配制剂,进行药土洒施封闭,水稻的封闭类除草剂需要建立水层 5~7 d。或者用:

(1)22%苄·乙 15~25 g。

(2)60%丁草胺水乳剂 90~150 mL。

(3)46%苄嘧·苯噻酰草胺 60~80 g。

(4)氟酮磺草胺悬浮剂 10~15 mL 等药土法撒施,保水 5~7 d。

根据田地情况,咨询技术人员后施用,若用水不便,或田地无法保水,水层深度无法控制的尽量选择苗后茎叶除草剂,封闭化学除草剂除草水层不能淹没稻心,否则会出现药害。

2.苗后除草剂的使用

50%吡嘧·二氯喹啉酸可湿性粉剂 30~40 g/亩,或苄嘧·二氯喹啉酸可湿性粉剂 30~40 g/亩,均匀喷雾。

对 1.5~3 叶稗草及部分阔叶杂草有较好的防治效果,但对四叶期以上的稗草效果差,易反弹,对已有耐药性的地块效果差,需要与其他化学除草剂混配使用。

苗后除草剂一定注意用药时二次稀释,混配均匀再进行喷雾,用量不可随意加大。水稻田化学制剂有苄嘧磺隆、吡嘧磺隆、二氯喹啉酸、氰氟草脂、五氟磺草胺等化学成分,根据自家田地的草情,杂草种类在技术人员指导下选择用药。移栽田块稗草相对较多,宜采用二氯喹啉酸类的除草剂进行化学防除,但是近年单一的用药导致其效果逐年下降,杂草耐药性问题突出,用此类除草剂一定要注意草情,杂草过多或草龄过大会影响使用效果。同时,为了提高防效,很多农户及农药销售人员会加大用药量,这样会导致药害的产生,使水稻造成“实心”无法抽穗等药害。药物的交叉选择和复配会延缓杂草抗性的产生及保证除草效果。

(四)移栽稻田除草的关键环节

1.掌握稻田杂草发生规律

一般杂草在水稻移栽后7~10 d是第一次萌发高峰期,如稗草、千金子等;禾本科杂草和异型莎草等一年杂草,移栽后20 d左右出现第二次萌发高峰,以莎草科和阔叶杂草为主,第一次出草高峰期杂草数量较大、发生早、危害性大,是防除杂草的主要目标,即芽前芽后施药,越早越好。在杂草三叶前施药,效果最佳。

2.合理选择除草剂

(1)根据稻田的种植方式选择合适的除草剂,如移栽田、直播田、抛秧田。

(2)根据杂草的种类选择除草剂,除草剂说明书上所列防除范围、草龄等,如禾本科杂草或阔叶杂草。

(3)根据稻田的土质和保水能力,选择除草剂,如沙质土壤、漏水漏肥土壤,不宜选择需要保水层的除草剂,地块不保水,除草效果也相对较差。

(4)杂草种类多的田块,应选择混配制剂型的除草剂,或咨询技术人员进行混配施药,合理的混配使除草剂有增效作用,而且减少田块对除草剂的抗药性。

无论选用什么除草剂,一定要咨询技术人员后用药,确保用药安全。

3.施药环境和施药方式

除草剂的效果及负影响与湿度、温度、光照、施药方法等有直接关系。

(1)湿度。移栽田水层封闭除草剂要求大田内建立水层,且水层不能淹过稻心,否则会造成水稻秧苗发生药害。而苗后除草剂必须保证大田内土壤有足够的水分,天气特别干旱会影响杂草叶片对除草剂的吸收而影响药效。

(2)温度、光照。有些除草剂对温度要求比较严格,温度低不能发挥除草剂的药效,温度过高又对作物有害。还有些除草剂温度过低,光照不足,会影响作物对除草剂的分解能力,产生药害。

(3)施药方法。是关系药效发挥和是否产生药害的关键,常用的施药方法有喷雾或撒施,应按照说明书上的正确方法使用,撒施类的除草剂不要喷施,否则会有一定概率产生药害。喷雾类的除草剂除个别情况外,也不能撒施或甩施,否则会有产生药害的可能。

①喷雾的方法不同,药效也不同,下压喷雾和直形喷雾、雾滴大小、喷雾均匀程度、抛洒点不同都可能对药效产生影响。实践经验表明,除草剂宜选用下压喷雾方式。茎叶除草剂是通过杂草的茎叶吸收杀死杂草,叶片及心叶、嫩叶吸收最快、最多,而老叶木质化的茎吸收最少。使用下压喷头,喷到心叶和杂草全株上的药液最多;使用直喷头喷到老叶上的最多,心叶和下部茎叶则少,药液不能全部发挥而影响药效。使用茎叶除草剂喷雾,雾滴的大小会影响除草剂吸收利用率,雾滴小有利于杂草的吸收利用,雾滴大不利于杂草的吸收利用,下压喷头一般雾滴细小,直喷头雾滴相对较大。

②撒施。撒施主要是把除草剂与沙土或化肥掺在一起使用,水稻移栽后撒入大田,药剂通过水层扩散达到封闭除草效果。

③甩施是将除草剂药液稀释一定的倍数,将药液灌入瓶中,在瓶盖上开3~4 mm的小孔,然后持瓶尾将药液甩到大田内的水层上,通过药液在水层中的扩散来达到封闭除草效果。甩施只适用于乳油类除草剂。

第十章　河南沿黄稻区水稻绿色栽培措施和注意问题

一、未来的发展方向

为突出河南沿黄稻区水稻绿色种植的理念,打造绿色稻米产业,政府部门应从产业发展全局考虑,支持农业科研单位建立自己的农业信息技术大数据平台。融合物联网系统、虫情测报系统和农业病虫害统一防治系统,建立平台与终端使用者的便捷网络通道。测报系统要和国家、省农业科研部门的虫情测报系统联网,实行信息共享,增加预报预测的准确性。实时发布虫情预测预报数据,指导农民把握时间节点,精准施药,从而提高防效,降低成本。政府财力允许的情况下,可建立县域的农业统防作业机构,购置现代化的统防作业装备,实行所有水稻生产区统防全覆盖,这样可以保证从源头上杜绝高残农药的使用,在提高防治效果的前提下大大降低药剂使用数量,节约生产成本,减轻环境污染,保证稻米的质量安全。

二、当下发展绿色水稻种植应注意的问题和应采取的措施

(一)水稻虫害绿色防治

1.虫害药剂防治

绿色水稻的虫害防治要坚持以防为主,以治为辅,做到达不到防治指数不施药,有替代的低毒低残药剂不使用高毒高残药剂;有植物源、生物源药剂不使用化学药剂;能用物理方式防治的,不用化学方式防治;能低剂量防治的不随意增加剂量防治。

以上篇章所介绍的水稻病虫草害药剂防治措施,均应在物理防治、植物源农药、生物制剂农药和栽培方式达不到防治效果的情况下使用。应优先使用物理防治措施、植物源农药和生物农药。积极探索使用新的具有可持续发展特点的水稻栽培方式。

植物源药剂推荐使用以下几种。

1)苦皮藤素

苦皮藤素作为一种植物源农药,具有对哺乳动物低毒和对非靶标生物安全的特性,能够提供给人们放心的粮食产品。下面介绍苦皮藤素的应用范围。

该药广泛应用于水稻、桑树、果树、茶树,具备胃毒、速杀(触杀)、薰蒸、驱赶、拒食、麻醉等作用。无环境污染,药效在作物植株内时间较一般植物源和生物杀虫剂长 10~15 d,对人畜无毒无害。该药以虫体表皮“接触给药”,克服虫体自然吸收药液起效缓慢或因虫子拒食而不产生胃毒作用弊端。只要虫子触药,必“透过接触给药”而死。对蜡质层较厚虫子、甲壳类害虫,均具广谱驱杀作用。

农药成分原料:来自可口服、外用的中草药,符合我国中草药大辞典收录用药,对人无毒无害。苦皮藤素为我国已登记的植物杀虫剂。配方组成具我国中草药产品特色,中

国自主知识产权。

使用方法及用药量：

每亩用剂量1%苦皮藤乳油100 mL兑水50~60 kg，叶面或全株喷细雾至滴珠。

本药在使用时间上要较化学合成农药提前2~3 d，可达到最佳防效。

2）印楝素

印楝杀虫的有效成分是以印楝素为主，其分布于印楝种子、树皮、树叶等部位。印楝种子是制备无公害植物农药，防止化学农药污染的最佳原料。印楝素主要为三萜类物质，与类固醇、甾类有机化合物等激素物质结构相似。印楝素对直翅目、鳞翅目、鞘翅目等害虫表现出较高的特异性抑制功能，而且不伤天敌，对高等动物安全。因此，印楝素被公认为开发最为成功的具有现代意义的植物源农药，是最适用于作物整体管理和有害生物综合治理的一项植保措施。

水稻在秧田栽插前3 d，用0.3%印楝素500倍液浇施于苗床，可防治缓苗期间稻潜叶蝇、二化螟、三化螟、稻水象甲为害。在分蘖期用0.3%印楝素500~800倍液喷雾，间隔7~10 d再喷1次0.3%印楝素1 000~1 500倍液，可防治稻蝗、稻飞虱、稻纵卷叶螟、稻苞虫、稻椿象等。掌握在低龄期、卵孵化期用0.3%印楝素800~1 000倍液喷杀，盛发期用0.3%印楝素500倍液喷雾，喷后5 d再用0.3%印楝素1 500~2 000倍液+1.8%阿维菌素2 000倍液防治1次。

防治根结线虫种子处理：用0.3%印楝素原液按种子量的1/100混拌均匀后，阴干播种。

2.栽培措施防治虫害

稻鸭共生绿色水稻栽培技术见附录1。

（二）水稻病害绿色防治（参考附录2）

河南沿黄稻区的主要病害稻瘟病、纹枯病、胡麻叶斑病等，都可以用植物源制剂、矿物源制剂防除，主要适宜使用的产品有：

（1）小檗碱（黄连、黄柏等提取物）。

（2）苏云金芽孢杆菌。

（3）天然酸。

（4）石硫合剂。

在防效达不到要求的情况下可使用井冈霉素、多菌灵作为补充用药。

（三）水稻草害生物防治（参考附录2）

水稻草害目前还没有生物防治药剂，现在国内有机、绿色栽培主要从栽培方式上加以解决，实践中最好的方法是“稻鸭共生栽培模式”结合人工拔除。

第十一章　适宜河南沿黄稻区栽培的水稻品种介绍

一、黄金晴

(一)品种来源

由河南省农牧厅从日本引进。

(二)特征特性

全生育期 146 d。株型集散适中,株高 95 cm,分蘖力中等,茎秆弹性好,较抗倒状;叶鞘绿色,后期叶色较淡,成熟时叶片较披;散穗形,穗长 17.6 cm;谷粒椭圆,黄色;后期落色好;每亩有效穗 24.3 万左右,平均每穗总粒数 98.4 粒,结实率 84.8%,千粒重 24.4 g。

(三)品质分析

农业部食品质量监督检验测试中心(武汉)检测:平均出糙率 84.0%,精米率 72.6%,整精米率 60.1%,垩白粒率 2.5%,垩白度 1.3%,直链淀粉含量 16.6%,胶稠度 83 mm,透明度 1 级,碱消值 7 级;综合评价达《大米》(GB/T 1354—2018)一级优质米标准。

(四)产量表现

沿黄稻区种植,一般亩产 450~500 kg。

(五)栽培技术要点

(1)播期。5 月 5 日左右播种,秧田亩播量 35 kg,秧龄 35 d,稀播培育带蘖壮秧。

(2)栽插方式。插秧密度为中等肥力田 10 cm×26 cm,穴插 3~5 苗;高水肥田 13 cm×30 cm,穴插 3~5 苗,亩基本苗 6 万~8 万。

(3)合理施肥。秧苗一叶一心期追施断奶肥,亩秧田用尿素 7.5~10 kg;移栽前 2~3 d施送嫁肥,每亩 2~3 kg;大田宜重施基肥,注意氮、磷、钾的合理搭配,配合施用微肥;早施分蘖肥,促前期早发、稳长,后期施用花、粒肥,促壮秆大穗。

(4)田间管理。浅水插秧,寸水分蘖,够蘖晒田;后期干干湿湿,干湿交替;成熟前 7 d停水,防止倒伏;秧田防治稻蓟马,根据虫情测报,7 月 20 日左右防治二化螟,8 月中旬防治稻纵卷叶螟、稻飞虱的危害。

二、原稻 1 号

(一)品种来源

原阳县农科所选育。

(二)特征特性

原稻 1 号属早熟常规粳稻品种,全生育期 150 d。株型集散适中,株高 110 cm,分蘖力中等,茎秆弹性好,较抗倒状;叶鞘绿色,后期叶色较淡,成熟时叶片较披;散穗形,穗长 21.1 cm;谷粒椭圆,黄色;后期落色好;每亩有效穗 20 万左右,平均每穗总粒数 117.4 粒,

结实率84.8%，千粒重 27 g。

（三）抗性鉴定

2005 年江苏省农业科学研究院植保所接种鉴定：对稻瘟病菌代表小种 ZC13、ZD7、ZE3、ZF1 表现免疫，对 ZB21、ZG1 高感（5 级）；中抗穗茎瘟病；对白叶枯致病型菌株 PX079、浙 173 表现为中抗，对菌株 KS-6-6 表现为抗，对 JS-49-6 表现为感；感纹枯病。

（四）品质分析

2004 年、2005 年农业部食品质量监督检验测试中心（武汉）检测：平均出糙率84.0%，精米率 72.6%，整精米率 60.1%，垩白粒率 11.5%，垩白度 1.3%，直链淀粉含量 16.6%，胶稠度 83 mm，透明度 1 级，碱消值 7 级，具香味。

（五）产量表现

2003 年河南省粳稻品种区域试验，9 点汇总，平均亩产稻谷 428.6 kg，比对照 1 豫粳 6 号减产 6.4%，差异不显著；较对照 2 黄金晴增产 2.2%，差异不显著，居 12 个参试品种第 6 位。2004 年续试，11 点汇总，平均亩产稻谷 506.9 kg，较对照 1 豫粳 6 号减产 1.9%，差异不显著；较对照 2 黄金晴增产 12.5%，达极显著差异，居 15 个参试品种第 8 位。2005 年河南省粳稻品种生产试验，9 点汇总，平均亩产稻谷 529.1 kg，较对照豫粳 6 号增产 1.45%，居 7 个参试品种第 2 位。

（六）适宜区域

河南省沿黄粳稻区种植。

（七）栽培技术要点

（1）播期。5 月 5 日前播种，秧田亩播量 25～30 kg，秧龄 35 d，稀播培育带蘖壮秧。

（2）栽插方式。插秧密度为中等肥力田 10 cm×26 cm，穴插 3～5 苗；高水肥田 13 cm×30 cm，穴插 3～5 苗，亩基本苗 6 万～8 万。

（3）合理施肥。秧苗一叶一心期追施断奶肥，亩秧田用尿素 7.5～10 kg；移栽前 2～3 d施送嫁肥，每亩 2～3 kg；大田宜重施基肥，注意氮、磷、钾的合理搭配，配合施用微肥；早施分蘖肥，促前期早发、稳长，后期施用花、粒肥，促壮秆大穗。

（4）田间管理。浅水插秧，寸水分蘖，够蘖晒田；后期干干湿湿，干湿交替；成熟前 7 d 停水，防止倒伏；秧田防治稻蓟马，根据虫情测报，7 月 20 日左右防治二化螟，8 月中旬防治稻纵卷叶螟、稻飞虱的危害。

三、新丰 2 号

（一）品种来源

河南丰源种子有限公司用豫粳 6 号×新丰 9402 杂交后系统选育而成，审定编号：豫审稻 2007003。

（二）特征特性

新丰 2 号属常规粳稻，全生育期 161 d。株高 105 cm，株型紧凑，茎秆粗壮，叶片上倾，叶色绿中带黄；分蘖力较强，每亩成穗数 24 万；颖尖紫红色，种皮浅黄色；穗呈纺锤形，穗长 16 cm 左右，着粒密度中等，每穗粒 135 粒，结实率 85%，千粒重 26 g。

（三）抗性鉴定

2006 年江苏省农业科学研究院植保所接种鉴定：对稻瘟病菌种 ZB21、ZE3、ZF1、

ZG1、ZG7表现为感病,对ZC15为抗;对穗颈瘟感病(3级);对白叶枯菌株PX079、JZ-49-6表现为中抗(3级),对浙173、KS-6-6表现为中感(5级);对纹枯病表现为高抗。

(四)品质分析

2005年、2006年农业部食品质量监督检验测试中心(武汉)检测:出糙率分别为83.8%、85.8%,精米率分别为75.8%、77.3%,整精米率分别为68.4%、73.0%,垩白粒率分别为14%、29%,垩白度分别为1.4%、2.3%,直链淀粉含量分别为17.0%、17.2%,胶稠度分别为76 mm、80 mm,粒长分别为5.0 mm、5.3 mm,透明度均为1级。米质达《大米》(GB/T 1354—2018)二级优质米标准。

(五)产量表现

2004年河南省区域试验,平均亩产稻谷494.7 kg,居15个参试品种第10位,比对照豫粳6号(CK1)减产4.3%,差异不显著;比对照黄金晴(CK2)增产9.8%,差异极显著。2005年河南省区域试验,平均亩产稻谷478.6 kg,比对照豫粳6号减产10.5%,差异显著,居15个参试品种第11位。两年平均亩产稻谷486.7 kg,比对照豫粳6号减产7.4%。2006年河南省粳稻品种生产试验,平均亩产稻谷548.9 kg,较对照豫粳6号增产4.4%,居8个参试品种第3位。

(六)适宜地区

可在河南省沿黄稻区和豫南籼改稻区做优质品种种植。

(七)栽培技术要点

(1)播期和播量。沿黄稻区4月底至5月上旬播种,豫南稻区5月10~20日播种,大田每亩用种量2.5~3.0 kg。

(2)合理密植。宜采用行距30 cm×株距13 cm左右,每穴2~3苗,每亩栽插1.7万穴左右。

(3)施肥。本田要重施足基肥,以有机肥为主;追肥前重、中补、巧施增粒保花肥,防止后期氮肥过大,贪青晚熟。

(4)科学用水。薄水插秧、浇水分蘖、够苗凉田、浅水孕穗灌浆,后期不能早停水。

(5)病虫害防治。秧田期注意防治稻飞虱、螟虫、稻蓟马;大田期注意防治螟虫、稻飞虱、稻苞虫、纹枯病、稻瘟病、稻曲病等。

四、获稻008

(一)品种来源

获稻008是新乡市卫滨区科丰种植农民专业合作社用五粳008/豫粳6号杂交后系统选育的品种。

审定编号:豫审稻2014004。

育种者:焦涛,朱盛安,张海军,张迎喜。

(二)特征特性

获稻008属粳型常规水稻品种,全生育期150~163 d。株高97.4~98.1 cm,株型紧凑,分蘖力强,茎秆粗壮,剑叶挺直;主茎叶片数16片,穗长16.9 cm,着粒较密,每亩有效穗21.9万~22.3万,每穗总粒数132.4~143.2粒,实粒数115.1~119.7粒,结实率83.6%~

86.9%,千粒重23.8~25.4 g。

(三)抗性鉴定

2013年经江苏省农业科学研究院植保所抗病性鉴定:对稻瘟病菌ZE3和ZF1表现为感病,对ZG1表现为中感,其他各代表小种表现为抗病,对穗颈瘟表现为中感,对白叶枯病代表菌株浙173、PX079、KS-6-6和JS49-6表现为中抗,对纹枯病表现为中抗。

(四)品质分析

2013年经农业部食品质量监督检验测试中心(武汉)品质分析:出糙率83.5%,精米率75.4%,整精米率71.2%,粒长5.0 mm,长宽比1.9,垩白粒率27%,垩白度2.7%,透明度1级,碱消值6.8级,胶稠度63 mm,直链淀粉含量16.0%,达国家《优质稻谷》(GB/T 17891—2017)标准3级。2014年品质分析:出糙率84.0%,精米率74.0%,整精米率68.8%,粒长5.2 mm,长宽比1.9,垩白粒率12%,垩白度1.1%,透明度1级,碱消值6.2级,胶稠度78 mm,直链淀粉含量16.2%,达国家优质稻谷2级标准。

(五)产量表现

2011年河南粳稻区域试验,13点汇总,11点增产2点减产,平均亩产稻谷574.0 kg,较对照新丰2号增产5.4%,差异显著,居11个参试品种第7位。2012年继试,9点汇总,8点增产1点减产,平均亩产稻谷654.5 kg,较对照新丰2号增产5.2%,达差异显著,居14个参试品种第7位。两年平均亩产稻谷614.3 kg,较对照新丰2号增产5.3%。2013年河南粳稻生产试验,7点汇总,7点增产,平均亩产稻谷641.5 kg,较对照新丰2号增产6.3%,居6个参试品种第5位。

(六)栽培技术要点

(1)播期和播量。4月底至5月初播种,播前晒种,使用浸种剂浸种,漓水后播种。一般湿润育秧播种量30~40 kg/亩。

(2)栽插方式。大田插植,行距30 cm,穴距12 cm,穴插2~3苗。

(3)田间管理。合理施肥,每亩用多元素复合肥40~50 kg作基肥,返青后亩用尿素8~10 kg拌丁草胺等除草剂。早施、重施分蘖肥,插秧后10~15 d,亩追尿素10~15 kg,后期一般不再施肥。灌浆期喷施活力素、磷酸二氢钾,有利于保活熟增粒重;病虫防治,7月20日前后及8月20日前后,分别综合防治一次二化螟、卷叶螟、稻苞虫、纹枯病等,在水稻破腹期和齐穗期用三环锉等药剂各防治一遍穗颈瘟。

(七)审定意见

该品种符合河南省水稻品种审定标准,通过审定。适宜河南省沿黄稻区及豫南籼改粳稻区种植。

五、五粳04136

(一)品种来源

五粳04136是新乡市新良种业有限公司选育的一款常规粳稻品种。适宜河南省沿黄稻区及南部籼改粳稻区种植。

(二)特征特性

五粳04136属常规粳稻品种,全生育期平均155.6 d,比对照豫粳6号早熟2.2 d。株型紧凑,株高 98.7 cm;剑叶挺直,成熟落黄好;亩基本苗 6.6 万株,最高分蘖 27.3 万株,有效穗 20.5 万头;穗长 17.1 cm,平均每穗总粒数 134.1 粒,实粒数 112.5 粒,结实率 83.8%,千粒重 26.0 g。

(三)抗性鉴定

2011 年经江苏省农业科学研究院植保所抗病性鉴定:抗叶瘟(0 级),感穗颈瘟(3 级),抗纹枯病(R),对白叶枯病代表菌株浙 173、JS-49-6、PX079 均表现为中抗(3 级),对 KS-6-6 表现为中感(5 级)。

(四)品质分析

2011 年经农业部食品质量监督检验测试中心(武汉)检测:出糙率 84.8%,精米率 76.5%,整精米率 72.8%,垩白粒率 16%,垩白度 1.0%,直链淀粉含量 16.0%,胶稠度 78 mm,粒长 5.1 mm,粒型长宽比 1.9,透明度 1 级,碱消值 5.0 级,米质达《大米》(GB/T 1354—2018)二级标准。

(五)产量表现

2009 年河南省粳稻品种区域试验,14 点汇总,14 点增产,平均亩产稻谷 587.5 kg,较对照豫粳 6 号增产 12.9%,达极显著,居 14 个参试品种第 5 位。2010 年续试,13 点汇总,12 点增产 1 点减产,平均亩产稻谷 559.1 kg,较对照豫粳 6 号增产 14.8%,达极显著,居 15 个参试品种第 5 位。

2011 年河南省生产试验,7 点汇总,7 点增产,平均亩产稻谷 543.4 kg,比对照豫粳 6 号增产 9.5%,居 6 个参试品种第 1 位。

(六)栽培技术要点

(1)播期与播量。4 月底至 5 月初,播前晒种,使用浸种剂浸种,滴水后播种;亩播种量 30~35 kg,秧龄控制在 35~40 d,稀播培育壮秧。

(2)栽插方式。行距 30 cm,穴距 12 cm,穴插 2~3 苗。

(3)田间管理。每亩用多元素复合肥 40~50 kg 作基肥,返青后,亩用尿素 8~10 kg 拌丁草胺等除草剂;早施、重施分蘖肥,插秧后 10~15 d,亩追尿素 10~15 kg,后期一般不再施肥。灌浆期,喷施活力素、磷酸二氢钾,有利于保活熟增粒重;7 月 20 日前后及 8 月 20 日前后,分别综合防治一次二化螟、卷叶螟、稻苞虫、纹枯病等;在水稻破口期和齐穗期用三环唑等药剂各防治一遍穗颈瘟。

六、津原 85(常规水稻)

(一)品种来源

津原 85 是天津市原种场,用中作 321/辽盐 2 号天津市原种场选育的杂交品种,2009 年 7 月 28 日经第二届国家农作物品种审定委员会第三次会议审定通过,审定编号为:国审稻 2005040。

(二)特征特性

津原 85 属粳型常规旱稻。在黄淮海地区作麦茬旱稻种植,全生育期 118 d,比对照旱稻 277 晚熟 6 d。株高 80.1 cm,穗长 18.8 cm,每亩有效穗数 19.8 万,每穗粒数 84.7 粒,结实率 86.6%,千粒重 25.2 g。抗性:中抗叶瘟和穗颈瘟,抗旱性 5 级。主要品质指标:整

精米率 66.1%，垩白米率 10.5%，垩白度 1.0%，直链淀粉含量 14.4%，胶稠度 84 mm。

（三）产量表现

2006 年参加黄淮海麦茬稻区中晚熟组旱稻品种区域试验，平均亩产为 312.5 kg，比对照旱稻 277 增产 8.5%（极显著）；2007 年续试，平均亩产 326.9 kg，比对照旱稻 277 增产 15.7%（极显著）。两年区域试验平均亩产 319.7 kg，比对照旱稻 277 增产 12.1%，增产点比例 81%。2008 年生产试验，平均亩产为 350.8 kg，比对照旱稻 277 增产 12%。

（四）栽培技术要点

（1）播种。黄淮地区 5 月下旬至 6 月上旬播种，播前可种子包衣或撒毒土防治地下害虫。条播行距 25 cm，播种量 5~7 kg/亩，播深 2 cm。

（2）除草。用旱稻田除草剂于播后苗前实施“土壤封闭”或于幼苗期“茎叶处理”，后辅以人工及时除草。

（3）肥水管理。氮、磷、钾肥以及硅、锌全量基肥配合施用；齐苗后酌情补水，在孕穗、灌浆期，如遇干旱应及时补水。

（4）病虫防治。拔节前后和始穗前后注意防治稻纵卷叶螟、稻飞虱及纹枯病等，始穗期兼防稻曲病。

（五）审定意见

该品种符合国家水稻品种审定标准，通过审定。该品种丰产性较好，较稳产，抗旱性中等，中抗稻瘟病，抗倒能力强，米质较优。适宜在河南省、江苏省、安徽省、山东省的黄淮流域和陕西省汉中稻区作夏播旱稻种植。

七、津原 45

2008 年山东审定，编号：鲁农审 2008027 号。

（一）品种来源

津原 45 为常规品种，是“月之光”变异株系统选育。

（二）特征特性

津原 45 属中早熟品种。引种试验结果：全生育期 150 d，与对照香粳 9407 熟期相当。亩有效穗 22.0 万，株高 106.5 cm，穗长 19.9 cm，每穗总粒数 126.3 粒，结实率 85.0%，千粒重 26.6 g。

（三）品质分析

2007 年经农业部稻米及制品质量监督检测中心（杭州）品质分析：稻谷出糙率 84.2%，整精米率 75.6%，垩白粒率 8%，垩白度 2.0%，直链淀粉含量 17.1%，胶稠度 64 mm，米质达《大米》（GB/T 1354—2018）粳稻二级。2007 年经天津市植物保护研究所抗病性鉴定：抗苗瘟，中感叶瘟，中抗穗颈瘟。

（四）产量表现

2002 年引种试验，平均亩产 502.1 kg，比对照京引 119 增产 21.5%。2007 年引种试验，平均亩产 583.0 kg，比对照香粳 9407 增产 12.5%。

（五）栽培技术要点

适宜密度为每亩基本苗 5 万~6 万株，亩栽 1.4 万~1.5 万穴。其他管理措施同一般

大田。

(六)审定意见

在临沂库灌稻区、沿黄稻区推广利用。

八、圣稻22

(一)品种来源

圣稻22是山东省水稻研究所中心用品种圣稻14/圣06134选育的粳型常规水稻品种,由山东省水稻研究所提出品种申请,2015年9月2日经第三届国家农作物品种审定委员会第六次会议审定通过,审定编号为:国审稻2015048。

(二)特征特性

圣稻22是粳型常规水稻品种。黄淮粳稻区种植,全生育期158.9 d,比对照徐稻3号晚熟2.1 d。株高95.6 cm,穗长17.3 cm,每穗总粒数156.1粒,结实率86.8%,千粒重25.9 g。

(三)抗性鉴定

稻瘟病综合抗性指数2.1,穗颈瘟损失率最高级1级,条纹叶枯病最高发病率18.18%;抗稻瘟病,中感条纹叶枯病。

(四)米质主要指标

整精米率71.5%,垩白米率20.0%,垩白度1.3%,直链淀粉含量15.6%,胶稠度76 mm,达到国家《优质稻谷》(GB/T 17891—2017)标准2级。

(五)产量表现

2012年参加国家黄淮粳稻组区域试验,平均亩产647.6 kg,比对照徐稻3号增产1.59%。

2013年续试,平均亩产648.2 kg,比徐稻3号增产4.2%。两年区域试验平均亩产647.9 kg,比徐稻3号增产2.75%。

2014年生产试验,平均亩产643.3 kg,比徐稻3号增产7.06%。

(六)栽培技术要点

(1)一般5月中、上旬播种,大田亩用种量3~4 kg,稀播匀播,培育壮秧。

(2)秧龄35 d左右,6月中旬插秧,栽插株行距14 cm×25 cm,每穴栽插3~5苗。

(3)适当控制氮肥用量,增施有机肥和磷、钾肥,亩施纯氮18 kg,氮肥主要作底肥、分蘖肥,酌情施穗肥。

(4)薄水栽插、浅水护苗、活水促蘖、适时搁田、薄水孕穗,后期干湿交替,忌断水过早。

(5)播前用药剂浸种,防治干尖线虫病和恶苗病;注意及时防治纹枯病、稻曲病、黑条矮缩病、稻飞虱、螟虫等病虫害。

(七)审定意见

该品种符合国家水稻品种审定标准,通过审定。适宜在河南沿黄、山东南部、江苏淮北、安徽沿淮及淮北地区种植。

九、原稻 108

(一)品种名称

原稻 108 审定编号:豫审稻 2009002。

(二)选育单位

原阳县黄河农业科学研究所。

(三)品种来源

(镇稻 88×辐 2115)F1×(豫粳 7 号×原 94134)F1。

(四)特征特性

原稻 108 属常规粳稻,全生育期 159 d。株形紧凑,株高 100 cm;剑叶上举,分蘖力强,茎秆粗壮,抗倒力强;成熟时叶青粒黄,熟相好;每亩成穗数 22.7 万穗,穗长 18.3 cm,每穗实粒数 128.8 粒,结实率 86.2%,千粒重 25.3 g。2008 年江苏省农业科学研究院植保所接种鉴定:对稻瘟病菌 ZB29、ZC13、ZE3、ZF1、ZG1 表现为免疫(0 级),对 ZD5 表现为中抗(3 级),对穗茎瘟中抗(MR),对白叶枯病菌 PX079、JS-49-6 表现为抗(1 级);对 KS-6-6、浙 173 表现为中抗(3 级),对纹枯病表现为中感(MS)。2008 年田间自然鉴定,条纹叶枯病感病率 1.8%。

(五)品质分析

2007 年、2008 年经农业部食品质量监督检验测试中心(武汉)检测:出糙率分别为 83.9%、82.8%,精米率分别为 73.6%、69.9%,整精米率分别为 54.4%、63.2%,垩白粒率分别为 63%、17%,垩白度分别为 5.7%、1.2%,直链淀粉含量分别为 16.6%、15.6%,胶稠度分别为 80 mm、84 mm,粒长均为 5.2 mm,粒型(长宽比)分别为 1.9、1.8,透明度均为 1 级,碱消值分别为 7.0 级、5.0 级。综合评价米质达《大米》(GB/T 1354—2018)优质米三级标准。

(六)产量表现

2006 年河南省粳稻区域试验,平均亩产稻谷 573.5 kg,比对照豫粳 6 号增产 7.4%;2007 年续试,平均亩产稻谷 544.1 kg,比对照豫粳 6 号增产 10.2%。2008 年河南省粳稻生产试验,平均亩产稻谷 604.7 kg,比对照豫粳 6 号增产 11.6%。

(七)适宜地区

适宜在河南沿黄粳稻区和豫南籼改粳稻区种植。

(八)栽培技术要点

(1)播期播量。沿黄稻区 4 月底至 5 月初播种,南部稻区可推迟到 5 月中下旬播种。育秧播种量 25~30 kg/亩,秧龄 35~40 d。稀播培育壮秧。

(2)栽培方式。中等肥力田行株距 30 cm×12 cm,穴插 3~4 苗;高水肥田行株距 33 cm×12 cm,每穴插 3 苗,亩基本苗 6 万左右。

(3)田间管理。秧苗一叶一心期施断奶肥,亩用尿素 7.5 kg。三叶过后施促壮肥,亩用尿素 10 kg;大田应重施基肥,减少氮肥用量,增施磷、钾肥。前期浅水灌,促返青增分蘖,够蘖晾田,后期间歇灌水。秧田注意防治稻飞虱,稻蓟马,大田期注意防治二化螟、稻飞虱及纹枯病和穗茎瘟。

十、长粳6号

长粳6号属粳型常规水稻品种,全生育期157~164 d。株高93.7~100.3 cm,株型紧凑,茎秆粗壮,叶色浓绿,分蘖力强。主茎叶片数平均17片叶,穗长16.0~16.4 cm,每亩有效穗21.9万~22.5万穗,每穗总粒数134.4~147.7粒,实粒数117.4~131.6粒,结实率85.2%~89.3%,千粒重25.2~26.1 g。

(一)品种简介

审定编号:豫审稻2014002。

申请单位:河南省长河种业有限公司。

选育人员:张长河。

品种来源:镇变2号/原96168。

(二)抗性鉴定

2013年经江苏省农业科学研究院植保所抗病性鉴定:对稻瘟病菌ZF1、ZG1表现感病,其他各代表小种表现为抗病,对穗颈瘟表现为中感,对白叶枯病代表菌株“浙173”“PX079”“KS-6-6”和“JS49-6”的抗性均为中抗,对纹枯病表现为中抗。

(三)品质分析

2012年经农业部食品质量监督检验测试中心(武汉)品质分析:出糙率84.2%,精米率75.4%,整精米率71.7%,粒长4.7 mm,长宽比1.7,垩白粒率23%,垩白度1.2%,透明度1级,碱消值7.0级,胶稠度70 mm,直链淀粉含量16.3%,达《优质稻谷》(GB/T 17891—2017)标准3级。2013年品质分析:出糙率83.6%,精米率73.2%,整精米率56.1%,粒长5.1 mm,长宽比1.8,垩白粒率20%,垩白度1.4%,透明度1级,碱消值6.0级,胶稠度75 mm,直链淀粉含量14.9%。

(四)产量表现

2011年河南省粳稻区域试验,13点汇总,12点增产1点减产,平均亩产稻谷587.1 kg,较对照新丰2号增产7.8%,差异极显著,居11个参试品种第2位;2012年继试,9点汇总,9点增产,平均亩产稻谷678.6 kg,较对照新丰2号增产9.1%,差异极显著,居14个参试品种第2位。两年平均亩产稻谷632.9 kg,较对照新丰2号增产8.5%。

2013年河南省粳稻生产试验,7点汇总,7点增产,平均亩产稻谷645.8 kg,较对照新丰2号增产7.0%,居6个参试品种第3位。

(五)栽培技术

1.播期和播量

麦茬稻栽培,适宜播期5月1~5日,豫南稻区可推迟到5月10~15日播种。一般亩秧田播种量35~40 kg。

2.栽插方式

6月15日左右移栽,中上等肥力田块插秧株行距13 cm×30 cm,每穴3~5苗;高肥力田块株行距可增大至13 cm×33 cm,每穴3~5苗,做到浅插、匀栽。

3.田间管理

(1)播前施足基肥,基肥以有机肥为主,重施磷、钾肥及微肥,一般基肥占50%~

60%，分蘖肥占 30%，穗肥占 10%～20%，掌握前重、中控、后补的施肥原则。分蘖肥宜早施、重施，一叶一心施断奶肥，并喷施多效唑每亩 100～120 g，促苗壮蘖多，三叶期补施促蘖肥，移栽前 5～7 d 适量追施送嫁肥。

（2）水田管理。浅水栽秧、寸水活棵、薄水分蘖、深水抽穗扬花、后期干湿交替，达到预期茎蘖数后，及时晒田，控水控肥。

（3）搞好病虫预测，重点做好稻纵卷叶螟及稻瘟病等的防治工作。

（六）审定意见

该品种符合河南省水稻品种审定标准，通过审定。适宜河南沿黄稻区及豫南籼改粳稻区种植。

十一、郑稻 19

（一）抗性鉴定

2007 年经江苏省农业科学研究院植保所接种鉴定：对稻瘟病菌代表小种 ZA5、ZE3、ZF1、ZG1 表现为免疫，对 ZB13、ZC5、ZD5 表现为感；对水稻穗颈瘟表现为中抗；对白叶枯病致病型菌株浙 173、PX079 表现为抗，对 JS-49-6 表现为中抗，对 KS-6-6 表现为中感；对纹枯病表现为抗（R）。2005～2007 年在多点试种田间调查表明，对近年来在黄淮稻区大面积发生的水稻条纹叶枯病表现抗性强。

（二）品质分析

2006 年、2007 年经农业部食品质量监督检验测试中心（武汉）品质分析：糙米率分别为 81.7%、85.6%，精米率分别为 71.5%、74.7%，整精米率分别为 57.7%、66.1%，垩白粒率分别为 60%、28%，垩白度分别为 4.2%、2.0%，直链淀粉含量分别为 16.1%、15.8%，透明度均为 2 级，胶稠度均为 82 mm，粒长均为 5.0 mm。米质达《大米》（GB/T 1354—2018）粳稻三级标准。

（三）产量表现

2005 年河南省区域试验，平均亩产稻谷 560.2 kg，比对照豫粳 6 号增产 4.7%；2006 年续试，平均亩产稻谷 577.6 kg，比对照豫粳 6 号增产 8.2%。2007 年河南省生产试验，平均亩产稻谷 528.8 kg，比对照豫粳 6 号增产 4.3%。

（四）适宜地区

适宜在河南省沿黄稻区和南部籼改粳区种植。

（五）栽培技术要点

（1）播期和播量。沿黄稻区 4 月底至 5 月初播种，南部稻区可推迟到 5 月中下旬播种。育秧播种量 30 kg/亩左右，秧龄 30～40 d，稀播培育壮秧。

（2）栽插方式。6 月上、中旬移栽，一般中上等肥力地块，栽插规格 30 cm×13.3 cm，每穴 2～4 苗；高肥力田块行距可增大至 33 cm×13.3 cm，每穴 3 苗左右，做到浅插、匀栽。

（3）田间管理。合理施肥，施足底肥，早施、重施分蘖肥；科学灌水，前期浅水促苗，中期湿润稳长，孕穗期小水勤灌，灌浆成熟期浅水湿润交替；及时防治二化螟、稻纵卷叶螟、稻飞虱以及其他水稻病害。

十二、郑稻 18 号

(一)品种简介

郑稻 18 号是选育单位河南省农业科学院粮食作物研究所,用品种郑稻 2 号(♀)、郑稻 5 号(♂)选育而成的水稻品种。2007 年 11 月 14 日经第二届国家农作物品种审定委员会第一次会议审定通过,审定编号为:国审稻 2007033。

(二)特征特性

郑稻 18 号属粳型常规水稻。在黄淮地区种植,全生育期 159.4 d,比对照豫粳 6 号晚熟3.4 d。株高 107.1 cm,穗长 15.7 cm,每穗总粒数 128.1 粒,结实率 86.5%,千粒重 25.1 g。抗性:苗瘟 4 级,叶瘟 4 级,穗颈瘟 3 级,综合抗性指数 3.3。

(三)米质主要指标

整精米率 70.3%,垩白米率 23.5%,垩白度 3%,胶稠度 82 mm,直链淀粉含量 16.7%,达到《优质稻谷》(GB/T 17891—2017)标准 3 级。

(四)产量表现

2005 年参加豫粳 6 号组品种区域试验,平均亩产 548.6 kg,比对照豫粳 6 号增产 13.2%(极显著);2006 年续试,平均亩产 598.2 kg,比对照豫粳 6 号增产 8.1%(极显著)。两年区域试验,平均亩产 570.6 kg,比对照豫粳 6 号增产 10.8%。2006 年生产试验,平均亩产 543 kg,比对照豫粳 6 号增产 2.1%。

(五)栽培技术要点

(1)育秧。黄淮麦茬稻区一般 4 月底至 5 月中旬播种,亩播量 30 kg 左右,秧龄 30~40 d。

(2)移栽。6 月中旬移栽,一般中上等肥力田块,栽插株行距 13.3 cm×30 cm,每穴栽插 3~4 粒谷苗;高肥力田块株行距可增大至 13.3 cm×33 cm,每穴栽插 3 粒谷苗左右。

(3)肥水管理。本田总施氮量控制在每亩 15 kg 左右,一般基肥占 50%~60%,分蘖肥占 30%,穗肥占 10%~20%。分蘖肥宜早施、重施,适当增施钾、锌肥,穗肥看苗酌施。在水浆管理上做到:浅水栽秧、寸水活棵、薄水分蘖、深水抽穗扬花、后期干湿交替;成熟收割前 7 d 左右断水,切忌断水过早。

(4)病虫防治。重点做好二化螟、稻纵卷叶螟以及纹枯病等的防治工作。

(六)审定意见

该品种符合国家水稻品种审定标准,通过审定。该品种熟期适中,产量高,米质优,中抗稻瘟病。适宜在河南沿黄、山东南部、江苏淮北、安徽沿淮及淮北地区种植。

十三、新稻 25

新稻 25 是河南省新乡市农业科学院用郑粳 9018 和镇稻 88 选育而成的粳型常规水稻品种,由河南省新乡市农业科学院提出品种申请,2015 年 1 月 19 日经第三届国家农作物品种审定委员会第四次会议审定通过,审定编号为:国审稻 2014045。

(一)特征特性

新稻 25 是粳型常规水稻品种。黄淮稻区种植,全生育期 155.5 d,比对照徐稻 3 号少

1 d。株高 103.9 cm，穗长 17.5 cm，亩有效穗数 18.6 万穗，穗粒数 163.2 粒，结实率85.6%，千粒重 23.5 g。

（二）抗性鉴定

稻瘟病综合抗性指数 4.9，穗瘟损失率最高级 3 级，条纹叶枯病最高发病率 2.7%，中抗稻瘟，高抗条纹叶枯病。

（三）米质主要指标

整精米率 69.5%，垩白粒率 20.8%，垩白度 1.6%，胶稠度 78 mm，直链淀粉含量 18.2%，达到国家《优质稻谷》（GB/T 17891—2017）标准 3 级。

（四）产量表现

2010 年参加国家黄淮粳组区域试验，平均亩产 607.7 kg，比对照徐稻 3 号增产 5.8%；2011 年续试，平均亩产 620.3 kg，比徐稻 3 号增产 5.6%。两年区域试验，平均亩产 614.0 kg，比徐稻 3 号增产 5.7%。2011 年生产试验，平均亩产 697.7 kg，比徐稻 3 号增产 5.7%。

（五）栽培技术

（1）黄淮麦茬稻区 4 月下旬至 5 月上旬播种，秧田亩播种量 35 kg。

（2）秧龄 35~40 d，宽行窄株栽插，株行距 13.3 cm×30 cm，穴插 3~4 苗，亩基本苗 6 万左右。

（3）多施用有机肥，适当配施磷、钾肥。

（4）薄水栽秧，寸水活棵，浅水分蘖，够苗晒田，孕穗至齐穗期保持浅水层，灌浆至成熟期浅水湿润交替，不宜停水过早。

（5）注意及时防治稻纵卷叶螟、二化螟、稻飞虱、纹枯病等病虫害。

（六）审定意见

该品种符合国家水稻品种审定标准，通过审定。适宜河南沿黄、山东南部、江苏淮北、安徽沿淮及淮北地区种植。

十四、新稻 22

（一）品种简介

选育单位：河南省新乡市农业科学院。

品种来源：镇稻 99×01D41LB88。

（二）特征特性

新稻 22 属常规粳稻品种，全生育期平均为 159.5 d，较对照豫粳 6 号晚熟 1.7 d。株型紧凑，株高 98.2 cm；剑叶短挺，叶色稍深，成熟落黄好；亩基本苗 6.6 万株，最高分蘖 28.5万株，有效穗 20.9 万头；穗长 16.3 cm，平均每穗总粒数 122.6 粒，实粒数 104.8 粒，结实率 85.2%，千粒重 26.7 g。

（三）抗性鉴定

2011 年经江苏省农业科学研究院植保所抗病性鉴定：抗叶瘟（0 级），感穗颈瘟（3 级），抗纹枯病（R），对白叶枯病代表菌株浙 173、JS－49－6 均表现为中抗（3 级），对 PX079 均表现为抗病（1 级），对 KS－6－6 表现为中感（5 级）。

(四)品质分析

2011年经农业部食品质量监督检验测试中心(武汉)检测:出糙率84.8%,精米率76.7%,整精米率73.2%,垩白粒率3%,垩白度0.3%,直链淀粉含量15.2%,胶稠度55 mm,粒长5.2 mm,粒型长宽比1.8,透明度1级,碱消值6.0级;米质达《大米》(GB/T 1354—2018)粳稻一级标准。

(五)产量表现

2009年河南省粳稻品种区域试验,14点汇总,14点增产,平均亩产稻谷568.9 kg,较对照豫粳6号增产9.3%,达极显著,居14个参试品种第10位;2010年续试,13点汇总,13点增产,平均亩产稻谷570.3 kg,比对照豫粳6号增产17.1%,达极显著,居15个参试品种第3位。2011年河南省生产试验,7点汇总,7点增产,平均亩产稻谷530.8 kg,比对照豫粳6号增产70%,居6个参试品种第5位。

(六)适宜地区

适宜在河南省沿黄稻区及南部籼改粳稻区种植。

(七)栽培技术要点

(1)播期和播量。作麦茬稻栽培,4月底至5月初播种,南部稻区可推迟到5月中下旬播种;湿润育秧,亩播种量30~35 kg,秧龄控制在35~40 d,稀播培育壮秧。

(2)栽插方式。6月上中旬移栽,一般中上等肥力地块,栽插规格13 cm×25 cm(2.0万穴/亩),每穴3~4苗;高肥力田块行距可增大至13.3 cm×30 cm(1.7万穴/亩),每穴2~3苗,做到浅插、匀栽。

(3)田间管理。本田每亩总施肥量折合纯氮17 kg左右,一般基肥占50%~60%,分蘖肥占30%,穗肥占10%~20%。在施足底肥的基础上,并配施磷、锌等微肥,追肥以尿素为主。早施、重施分蘖肥,结合浅水促早发、快发,提高穗数,重施促花肥,适量施用保花肥,以达到攻大穗的目的。水浆管理做到:薄水栽秧,前期浅水促苗,够苗适当晾田,灌浆成熟期浅水湿润交替,切忌大水长期浸泡,适期收获,减少产量损失;积极做好稻飞虱、二化螟、稻纵卷叶螟以及穗颈瘟等的防治。

十五、新科稻31

(一)品种简介

育种者:河南省新乡市农业科学院。

品种来源:由郑稻18号/新稻18号选育而成。

申请者:由河南省新乡市农业科学院提出申请,2017年6月29日经第三届国家农作物品种审定委员会第九次会议审定通过。

审定编号:国审稻20170074。

(二)特征特性

新科稻31属粳型常规水稻品种。黄淮粳稻区种植,全生育期平均为151.7 d,比对照徐稻3号早熟3.3 d。株高100.3 cm,穗长16.9 cm,每亩有效穗数20.7万,每穗总粒数147.4粒,结实率91%,千粒重25.2 g。

(三)抗性鉴定

稻瘟病综合指数两年分别为3.3和3.7,穗颈瘟损失率最高级3级,条纹叶枯病抗性

等级 5 级。中抗稻瘟,中感条纹叶枯病。

(四)主要米质指标

整精米率 67%,垩白粒率 14.7%,垩白度 3.2%,直链淀粉含量 16.3%,胶稠度 76 mm,达到国家《优质稻谷》(GB/T 17891—2017)标准 3 级。

(五)产量表现

2015 年参加国家黄淮粳稻组区域试验,平均亩产 683.64 kg,比对照徐稻 3 号增产 7.06%;2016 年续试,平均亩产 665.88 kg,较徐稻 3 号增产 7.25%。两年区域试验平均亩产 674.76 kg,较徐稻 3 号增产 7.15%。2016 年生产试验,平均亩产 673.74 kg,较徐稻 3 号增产 4.8%。

(六)栽培技术要点

(1)一般 4 月底至 5 月上旬播种,秧田亩播种量 35 kg 左右。

(2)秧龄 35~40 d,栽插株行距 14 cm×27 cm,穴插 3~4 苗,亩基本苗 6 万左右。

(3)多元素平衡施肥,氮肥前重、中稳、后补;多施用有机肥,适当配施磷、钾肥。

(4)薄水栽秧,寸水活棵,浅水分蘖,够苗晾田,孕穗打苞期小水勤灌,灌浆至成熟期浅水湿润交替,不宜断水过早。

(5)注意及时防治纹枯病、稻纵卷叶螟、二化螟、稻飞虱等病虫害。

(七)审定意见

该品种符合国家水稻品种审定标准,通过审定。适宜在河南沿黄及信阳地区、山东南部、江苏淮北、安徽沿淮及淮北地区种植。

十六、苏秀 867

(一)品种简介

苏秀 867 是育种者浙江省嘉兴市农业科学研究院、江苏省连云港市苏乐种业科技有限公司,用品种苏秀 9 号//秀水 09/秀水 123 选育而成的水稻品种。

申请者:由浙江省嘉兴市农业科学研究院、江苏省连云港市苏乐种业科技有限公司提出申请,2011 年 10 月 8 日经第二届国家农作物品种审定委员会第五次会议审定通过。

审定编号为:国审稻 2011029。

(二)特征特性

苏秀 867 属粳型常规水稻。在黄淮地区种植,全生育期平均为 154.5 d,比对照徐稻 3 号少 1.4 d。株高 90.8 cm,穗长 16.4 cm,每穗总粒数 137.4 粒,结实率 83.6%,千粒重 25.6 g。

(三)抗性鉴定

稻瘟病综合抗性指数 3.8,穗颈瘟损失率最高级 3 级,条纹叶枯病最高发病率10.7%。中抗稻瘟,抗条纹叶枯病。

(四)米质主要指标

整精米率 72.4%,垩白米率16.3%,垩白度 1.3%,胶稠度 85 mm,直链淀粉含量 16.3%,达到国家《优质稻谷》(GB/T 17891—2017)标准 2 级。

(五)栽培技术

(1)育秧。黄淮麦茬稻区一般在 4 月底至 5 月中旬播种,播前用药剂浸种,防治干尖

线虫病和恶苗病,大田移栽每亩用种量 3~4 kg。

(2)移栽。秧龄 35 d 左右移栽,栽插规格为 24 cm×14 cm,每穴栽 3~4 粒谷苗。

(3)肥水管理。亩产 700 kg 以上大田需纯氮 17~20 kg,一般基肥占 50%~60%,分蘖肥占 30%,穗肥占 10%~20%;配合施用磷、钾肥。水浆管理应做到薄水栽秧、寸水活棵、浅水分蘖、够蘖烤田、深水抽穗扬花、后期干湿交替,忌断水过早。

(4)病虫防治。及时防治纹枯病、稻曲病、稻飞虱、螟虫等病虫害。

(六)产量表现

2009 年参加黄淮粳稻组品种区域试验,平均亩产 622.9 kg,比对照徐稻 3 号增产 4.7%(极显著);2010 年续试,平均亩产 598.4 kg,比对照徐稻 3 号增产 4.2%(极显著)。两年区域试验,平均亩产 610.1 kg,比对照徐稻 3 号增产 4.4%,增产点比率 90.5%。2010 年生产试验,平均亩产 590.1 kg,比对照徐稻 3 号增产 3.6%。

(七)审定意见

该品种符合国家水稻品种审定标准,通过审定。适宜在河南沿黄地区、山东南部、江苏淮北、安徽沿淮及淮北地区种植。

十七、天隆粳 71

(一)品种简介

申请者:国家粳稻工程技术研究中心。

育种者:国家粳稻工程技术研究中心。

品种来源:武运粳 3 号/淮稻 6 号//徐稻 4 号。

(二)特征特性

天隆粳 71 属粳型常规水稻品种。在黄淮粳稻区种植,全生育期 156.2 d,比对照徐稻 3 号晚熟1 d。株高 96.3 cm,穗长 16.6 cm,每亩有效穗数 19.2 万穗,每穗总粒数 168.5 粒,结实率 84.6%,千粒重 27 g。

(三)抗性鉴定

稻瘟病综合指数年度分别为 4.6、3.4,穗瘟损失率最高级 5 级,条纹叶枯病最高级 5 级,中感稻瘟病和条纹叶枯病。

(四)米质主要指标

整精米率 68%,垩白粒率 21.3%,垩白度 4.5%,直链淀粉含量 17%,胶稠度 65 mm,达到国家《优质稻谷》(GB/T 17891—2017)标准 3 级。

(五)产量表现

2015 年参加黄淮粳稻组区域试验,平均亩产 659.33 kg,比对照徐稻 3 号增产 3.03%;2016 年续试,平均亩产 670.7 kg,比对照徐稻 3 号增产 7.06%。两年区域试验,平均亩产 665.01 kg,比对照徐稻 3 号增产 5.02%。2017 年生产试验,平均亩产 654.94 kg,比对照徐稻 3 号增产 4.33%。

(六)栽培技术要点

(1)适时播种,培育壮秧。根据不同栽培方式进行选择,大田亩用种量 4~5 kg。

(2)插秧方式。行株距 25 cm×13.3 cm,穴插 4~5 苗。

(3)灌水。必须注意保持灌浆期水分供应,同时在中前期注意晒田。

(4)施肥。依据前重、中适、后轻原则,亩施纯氮 6~20 kg,适量施用硅、钾肥。

(5)病虫防治。注意及时防治稻瘟病、稻曲病、纹枯病、稻飞虱等病虫害。

(七)初审意见

该品种符合国家稻品种审定标准,通过初审。适宜在河南沿黄及信阳地区、山东南部、江苏淮北、安徽沿淮及淮北地区的稻瘟病轻发区种植。

十八、裕粳 136

(一)品种简介

申请者:原阳沿黄农作物研究所。

育种者:原阳沿黄农作物研究所。

品种来源:原稻 108/新稻 18。

(二)特征特性

裕粳 136 是粳型常规水稻品种。在黄淮粳稻区种植,全生育期 156.2 d,比对照徐稻 3 号晚熟 1.2 d。株高 103.6 cm,穗长 16.6 cm,每亩有效穗数 21.2 万穗,每穗总粒数 146.2 粒,结实率 87.7%,千粒重 24.7 g。

(三)抗性鉴定

稻瘟病综合指数两年分别为 4.6、4.8,穗颈瘟损失率最高级 5 级,条纹叶枯病最高级 5 级,中感稻瘟病和条纹叶枯病。

(四)米质主要指标

整精米率 67.9%,垩白粒率 12%,垩白度 2.4%,直链淀粉含量 16.8%,胶稠度 71 mm,长宽比1.8,达到国家《优质稻谷》(GB/T 17891—2017)标准 2 级。

(五)产量表现

2015 年参加黄淮粳稻组区域试验,平均亩产 633.45 kg,比对照徐稻 3 号减产 0.8%;2016 年续试,平均亩产 646.76 kg,比对照徐稻 3 号增产 4.17%。两年区域试验,平均亩产 640.1 kg,比对照徐稻 3 号增产 1.65%。2017 年生产试验,平均亩产 642.7 kg,比对照徐稻 3 号增产 4.67%。

(六)栽培技术要点

(1)稀播育壮秧。播期 5 月 5 日左右,秧田亩播量 35 kg,播前晒种并用浸种剂浸种。

(2)插秧方式。行距 30 cm,穴距 12~14 cm,穴插 3~5 苗,亩基本苗 6 万左右。

(3)科学施肥。水稻专用复合肥每亩 50 kg 作基肥,移栽后 5~7 d 和 15~20 d 追尿素分别为 10 kg 和 15 kg。

(4)合理灌水。浅水插秧,寸水分蘖,够苗晒田,复水后干湿交替,后期停水不能过早。

(5)病虫防治。注意稻瘟病、纹枯病、螟虫及稻飞虱的防治。

(七)初审意见

该品种符合国家水稻品种审定标准,通过初审。适宜在河南沿黄及信阳地区、山东南部、江苏淮北、安徽沿淮及淮北地区的稻瘟病轻发区种植。

十九、华粳9号

(一)品种简介

申请者:江苏大华种业集团有限公司。

育种者:江苏大华种业集团有限公司。

品种来源:连粳6号/盐丰47//盐丰47。

(二)特征特性

华粳9号是粳型常规水稻品种。在黄淮粳稻区种植,全生育期154 d,比对照徐稻3号早熟2.5 d。株高99.2 cm,穗长16.6 cm,每亩有效穗数20.4万穗,每穗总粒数157粒,结实率88.2%,千粒重24.9 g。

(三)抗性鉴定

稻瘟病综合指数两年均为4.8,穗颈瘟损失率最高级5级,条纹叶枯病最高级5级,中感稻瘟病和条纹叶枯病。

(四)米质主要指标

整精米率71%,垩白粒率26%,垩白度4.4%,直链淀粉含量16.3%,胶稠度60 mm,长宽比2.1,达到农业行业《食用稻品种品质》(NY/T-593—2002)标准三级。

(五)产量表现

2016年参加黄淮粳稻组区域试验,平均亩产660.61 kg,比对照徐稻3号增产5.45%;2017年续试,平均亩产664.11 kg,比对照徐稻3号增产9.39%。两年区域试验,平均亩产662.36 kg,比对照徐稻3号增产7.39%。2017年生产试验,平均亩产667.42 kg,比对照徐稻3号增产6.32%。

(六)栽培技术要点

(1)适时播种。人工栽秧一般在5月上中旬落谷,每亩水育秧的播种量25~30 kg,旱育秧的播种量为35~40 kg。机插秧每秧苗盘的播种量干种子不超120 g。

(2)适时早栽。6月上旬麦收后及时整地移栽,秧龄不超35 d,机插秧秧龄不超18~20 d。每亩大田栽插2万穴左右,每穴3~4苗。

(3)肥料运筹。一般亩施纯氮20 kg左右,生育前期施氮量占总施氮量的60%~70%,中后期的穗肥占总施氮量的30%~40%,早施分蘖肥,重施拔节孕穗肥。

(4)水浆管理。做到寸水活棵、浅水分蘖,分蘖数达到预定穗数的80%时放水烤田,孕穗期湿润灌溉,抽穗扬花期保持水层,收割前7~10 d断水,做到活熟到老。

(5)病、虫、草综合防治。播种前要采用药剂浸种,防治恶苗病、干尖线虫病。秧田期注意防治灰飞虱、蚜虫、稻蓟马,栽后要及时施用除草剂防除杂草。大田期要防治二代二化螟及三代纵卷叶螟及纹枯病、白叶枯病。后期要注意对褐飞虱、白背飞虱的防治。破口期遇雨要防治稻穗颈瘟病及稻曲病。

(七)初审意见

该品种符合国家水稻品种审定标准,通过初审。适宜在河南沿黄及信阳地区、山东南部、江苏淮北、安徽沿淮及淮北地区的稻瘟病轻发区种植。

二十、淮稻 268

(一)品种简介

申请者:江苏徐淮地区淮阴农业科学研究所、淮阴师范学院。

育种者:江苏徐淮地区淮阴农业科学研究所、淮阴师范学院。

品种来源:08 预 1113/08 预 1112//W0912。

(二)特征特性

淮稻 268 是粳型常规水稻品种。在黄淮粳稻区种植,全生育期 156.5 d,比对照徐稻 3 号晚熟 0.3 d。株高 103.8 cm,穗长 16.5 cm,每亩有效穗数 22.6 万穗,每穗总粒数 149.1 粒,结实率 87.3%,千粒重 24.5 g。

(三)抗性鉴定

稻瘟病综合指数两年分别为 4.3、4.7,穗颈瘟损失率最高级 5 级,条纹叶枯病最高级 5 级,中抗稻瘟病和条纹叶枯病。

(四)米质主要指标

整精米率 70.6%,垩白粒率 17.7%,垩白度 3.8%,直链淀粉含量 16.5%,胶稠度 71 mm,长宽比 1.9,达到农业行业《食用稻品种品质》(NY/T-593—2002)标准三级。

(五)产量表现

2016 年参加黄淮粳稻组区域试验,平均亩产 659.95 kg,比对照徐稻 3 号增产 6.3%;2017 年续试,平均亩产 640.58 kg,比对照徐稻 3 号增产 5.17%。两年区域试验,平均亩产 650.27 kg,比对照徐稻 3 号增产 5.74%。2017 年生产试验,平均亩产 649.85 kg,比对照徐稻 3 号增产 5.83%。

(六)栽培技术要点

(1)适时播种。一般 5 月中旬播种,培育壮秧。

(2)合理密植。秧龄 30 d 左右,中上等肥力田块亩栽 1.8 万穴左右、肥力较差田块亩栽 2.0 万穴左右,每穴栽插 3~5 粒谷苗。

(3)亩氮肥总量 18~20 kg,重施基肥,早施促蘖肥,适时施好穗肥。后期干干湿湿,切忌过早断水,确保活熟到老。

(4)及时防治稻纵卷叶螟、三化螟、稻飞虱、纹枯病、稻瘟病等病虫害。

(七)初审意见

该品种符合国家水稻品种审定标准,通过初审。适宜在河南沿黄及信阳地区、山东南部、江苏淮北、安徽沿淮及淮北地区的稻瘟病轻发区种植。

二十一、垦稻 808

(一)品种简介

申请者:郯城县种苗研究所、河北省农林科学院滨海农业研究所。

育种者:郯城县种苗研究所、河北省农林科学院滨海农业研究所。

品种来源:090 坊 7/中作 0516。

（二）特征特性

垦稻808属粳型常规水稻品种。在黄淮粳稻区种植，全生育期157.1 d，与对照徐稻3号相当。株高99.7 cm，穗长17.2 cm，每亩有效穗数21.4万穗，每穗总粒数146.7粒，结实率90.3%，千粒重25.1 g。

（三）抗性鉴定

稻瘟病综合指数两年分别为3.7、3.6，穗颈瘟损失率最高级5级，条纹叶枯病最高级5级，中感稻瘟病和条纹叶枯病。

（四）米质主要指标

整精米率72.5%，垩白粒率19.3%，垩白度3.9%，直链淀粉含量15.5%，胶稠度77 mm，长宽比1.8，达到农业行业《食用稻品种品质》（NY/T-593—2002）标准三级。

（五）产量表现

2016年参加黄淮粳稻组区域试验，平均亩产670.89 kg，比对照徐稻3号增产6.42%；2017年续试，平均亩产647.37 kg，比对照徐稻3号增产6.70%。两年区域试验，平均亩产659.13 kg，比对照徐稻3号增产6.56%。2017年生产试验，平均亩产654.97 kg，比对照徐稻3号增产7.43%。

（六）栽培技术要点

该品种一般5月5~10日播种，6月中下旬插秧。一般每亩插2.0万~2.2万穴，每穴3~4苗。水肥管理亩施纯氮20 kg，增施钾肥。氮、磷、钾比例为1:0.5:1，基蘖肥80%，穗粒肥20%，早施氮肥。插秧后保浅水层分蘖，及时防治水稻病，虫、草害；适时收获。

（七）初审意见

该品种符合国家稻品种审定标准，通过初审。适宜在河南沿黄及信阳地区、山东南部、江苏淮北、安徽沿淮及淮北地区的稻瘟病轻发区种植。

二十二、泗稻16号

（一）品种简介

申请者：安徽源隆生态农业有限公司。

育种者：安徽源隆生态农业有限公司、江苏省农业科学院宿迁农科所。

品种来源：苏秀867/09-5966。

（二）特征特性

泗稻16号是粳型常规水稻品种。在黄淮粳稻区种植，全生育期156.2 d，与对照徐稻3号相当。株高98.2 cm，穗长17.1 cm，每亩有效穗数19.5万穗，每穗总粒数167.3粒，结实率84.2%，千粒重27.3 g。

（三）抗性鉴定

稻瘟病综合指数两年分别为4.3、3.9，穗颈瘟损失率最高级5级，条纹叶枯病最高级5级。中感稻瘟病和条纹叶枯病。

（四）米质主要指标

整精米率70.7%，垩白粒率25.7%，垩白度4.0%，直链淀粉含量16.4%，胶稠度

65 mm,长宽比 1.8,达到农业行业《食用稻品种品质》(NY/T-593—2002)标准三级。

(五)产量表现

2016 年参加黄淮粳稻组区域试验,平均亩产 651.26 kg,比对照徐稻 3 号增产 4.90%;2017 年续试,平均亩产 644.77 kg,比对照徐稻 3 号增产 5.86%。两年区域试验,平均亩产 648.01 kg,比对照徐稻 3 号增产 5.38%;2017 年生产试验,平均亩产 657.37 kg,比对照徐稻 3 号增产 7.06%。

(六)栽培技术要点

(1)湿润育秧一般于 5 月中旬播种,每亩秧田播种量 20~30 kg;机插秧 5 月 20~25 日播种,每亩用种量 30 kg,播种前用咪鲜胺浸种消毒,施足底肥,培育壮秧。

(2)湿润育秧秧龄 30 d 左右,机插秧秧龄 18~20 d;中上等肥力田块每亩栽 1.8 万穴,基本苗 6 万~8 万。

(3)每亩总施氮量在 20 kg 左右,前、后期施氮比例 6∶4。

(4)前期浅水促早发,中期先轻后重分次搁田,后期干干湿湿,切忌断水过早,影响品质。

(5)秧田期注意防治灰飞虱、稻蓟马,大田中后期综合防治纹枯病、稻瘟病、稻曲病以及二化螟、三化螟、稻纵卷叶螟等病虫害。

(七)初审意见

该品种符合国家水稻品种审定标准,通过初审。适宜在河南沿黄及信阳地区、山东南部、江苏淮北、安徽沿淮及淮北地区的稻瘟病轻发区种植。

二十三、徐稻 10 号

(一)品种简介

申请者:江苏徐淮地区徐州农业科学研究所。

育种者:江苏徐淮地区徐州农业科学研究所。

品种来源:武 2704/91075。

(二)特征特性

徐稻 10 号是粳型常规水稻品种。在黄淮粳稻区种植,全生育期 155.6 d,比对照徐稻 3 号早熟 1.1 d。株高 98.6 cm,穗长 18.9 cm,每亩有效穗数 21.0 万穗,每穗总粒数 140.8 粒,结实率 87.1%,千粒重 28.5 g。

(三)抗性鉴定

稻瘟病综合指数两年分别为 3.7、5.0,穗颈瘟损失率最高级 3 级,条纹叶枯病最高级 5 级,中感稻瘟病和条纹叶枯病。

(四)米质主要指标

整精米率 73.8%,垩白粒率 13.3%,垩白度 2.3%,直链淀粉含量 16.0%,胶稠度 67 mm,长宽比 2.2,达到农业行业《食用稻品种品质》(NY/T-593—2002)标准三级。

(五)产量表现

2016 年参加黄淮粳稻组区域试验,平均亩产 669.20 kg,比对照徐稻 3 号增产 6.15%;2017 年续试,平均亩产 642.67 kg,比对照徐稻 3 号增产 5.93%。两年区域试验,平均亩产

655.93 kg,比对照徐稻 3 号增产 6.04%。2017 年生产试验,平均亩产 651.98 kg,比对照徐稻 3 号增产 6.94%。

(六)栽培技术要点

(1)移栽 5 月上旬播种,秧田亩播种量 35 kg;机插 5 月 22~26 日播种,每盘干谷重 120~130 g。

(2)移栽秧龄 35 d 左右,栽插行株距 25 cm×14 cm,穴插 2~3 粒谷苗,亩基本苗 6 万左右;机插秧龄 20~22 d,栽插行株距 30 cm×12 cm,穴插 3~4 粒谷苗,亩基本苗 6 万~8 万。

(3)大田亩总施纯氮量 18~20 kg,基肥、分蘖肥、穗肥的比例为 5∶3∶2。基肥以有机肥为主,配施适量磷、钾肥。穗肥分 2~3 次施用,以促花肥为主。

(4)薄水栽秧,寸水活棵,浅水分蘖,够苗晒田,孕穗至齐穗期保持浅水层,灌浆至成熟期浅水湿润交替,不宜停水过早。

(5)注意及时防治螟虫、稻飞虱、纹枯病、稻瘟病等病虫害。

(七)初审意见

该品种符合国家水稻品种审定标准,通过初审。适宜在河南沿黄及信阳地区、山东南部、江苏淮北、安徽沿淮及淮北地区的稻瘟病轻发区种植。

二十四、中科盐 1 号

(一)品种简介

申请者:江苏沿海地区农业科学研究所、中国科学院遗传与发育生物学研究所。

育种者:江苏沿海地区农业科学研究所、中国科学院遗传与发育生物学研究所。

品种来源:盐稻 8 号/武运粳 8 号。

(二)特征特性

中科盐 1 号是粳型常规水稻品种。在黄淮粳稻区种植,全生育期两年区试平均 158 d,比对照徐稻 3 号晚熟 1.3 d。两年区试综合表现:株高 89.5 cm,穗长 17.3 cm,每亩有效穗数 21.9 万穗,每穗总粒数 137.2 粒,结实率 89.8%,千粒重 26.4 g。

(三)抗性鉴定

稻瘟病综合指数两年分别为 4.2 级、3.4 级,穗颈瘟损失率最高级 5 级,条纹叶枯病最高级 5 级,中感稻瘟病和条纹叶枯病。

(四)米质主要指标

糙米率 84.9%,整精米率 72.7%,长宽比 1.7,垩白粒率 28.7%,垩白度 5.2%,透明度 1 级,直链淀粉含量 16%,胶稠度 61 mm,碱消值 7.0。

(五)产量表现

2016 年参加国家黄淮粳稻组区域试验,平均亩产 663.94 kg,比对照徐稻 3 号增产 5.31%,达极显著水平,增产点比例 100%;2017 年续试,平均亩产 647.86 kg,比对照徐稻 3 号增产 6.79%,达极显著水平,增产点比例 100%。两年国家黄淮粳稻组区域试验,平均亩产 655.9 kg,比对照徐稻 3 号增产 6.04%,增产点比例 100%。2017 年国家黄淮粳稻组生产试验,平均亩产 656.11 kg,比对照徐稻 3 号增产 7.62%,增产点比例 100%。

(六)栽培技术要点

(1)一般5月上、中旬播种,秧龄30 d左右;机插秧5月20~25日播种,秧龄18~20 d。

(2)合理密植,每亩栽插2.0万~2.2万穴,基本苗7万左右。

(3)一般亩施纯氮20 kg左右,基蘖肥60%~70%、穗粒肥30%~40%,注意氮、磷、钾和有机肥配合施用;早施分蘖肥,适时施用穗肥。前期浅水勤灌,茎蘖数20万左右时分次适度搁田,后期湿润灌溉,成熟前7~10 d断水,切忌断水过早。

(4)播前用药剂浸种,防治恶苗病和干尖线虫病等种传病虫害,秧田期和大田期注意灰飞虱、稻蓟马等的防治,中、后期综合防治纹枯病、螟虫、稻飞虱等病虫害。特别注意防治稻瘟病。

(七)初审意见

该品种符合国家稻品种审定标准,通过初审。适宜在河南沿黄及信阳地区、山东南部、江苏淮北、安徽沿淮及淮北地区的稻瘟病轻发区种植。

二十五、苏秀8608

(一)品种简介

申请者:江苏苏乐种业科技有限公司。

育种者:江苏苏乐种业科技有限公司。

品种来源:丙00-502/秀水09//秀水123。

(二)特征特性

苏秀8608是粳型常规水稻品种。在黄淮粳稻区种植,全生育期149 d,比对照徐稻3号早熟7.6 d。株高86.1 cm,穗长15.6 cm,每亩有效穗数22.8万穗,每穗总粒数128.6粒,结实率89.4%,千粒重24.9 g。

(三)抗性鉴定

稻瘟病综合指数两年分别为2.5、3.6,穗颈瘟损失率最高级5级;条纹叶枯病最高级1级,中感稻瘟病,高抗条纹叶枯病。

(四)米质主要指标

整精米率66.1%,垩白粒率22.3%,垩白度2.1%,直链淀粉含量17.0%,胶稠度79.5 mm,长宽比1.8,达到国家《优质稻谷》(GB/T 17891—2017)标准3级。

(五)产量表现

2011年参加黄淮粳稻组区域试验,平均亩产600.86 kg,比对照徐稻3号增产3.80%;2012年续试,平均亩产652.97 kg,比对照徐稻3号增产2.43%。两年区域试验平均亩产626.92 kg,比对照徐稻3号增产3.08%。2013年生产试验,平均亩产539.46 kg,比对照徐稻3号减产3.75%。

(六)栽培技术要点

(1)移栽5月上中旬播种,机插和抛秧5月中下旬播种。大田移栽、机插秧和抛秧大田每亩用种量5 kg。

(2)人工移栽秧龄35 d左右,株行距14 cm×23 cm左右,每穴栽插3~4粒谷苗;机插秧和抛秧秧龄控制在 20 d 以内，株行距 11 cm×25 cm 左右，每穴栽插 4~5 粒谷苗。

(3)一般亩施纯氮 25 kg 左右，基肥 50%~60%，分蘖肥 30%，穗肥 10%~20%；配合施用磷、钾肥。机插秧和抛秧田要施足基肥，栽后 2 d 施返青分蘖肥，此后每次施肥应较对照等中熟品种前移 7 d。

(4)水层管理应薄水栽秧、寸水活棵、浅水分蘖、够蘖烤田、深水抽穗扬花、后期干湿交替，成熟前 5~7 d 断水，忌断水过早。

(5)播前用药剂浸种，防治干尖线虫病和恶苗病。注意及时防治纹枯病、稻曲病、胡麻叶斑病、飞虱、螟虫等病虫害。特别注意防治稻瘟病。

(七)初审意见

该品种符合国家稻品种审定标准，通过初审。适宜在河南沿黄及信阳地区、山东南部、江苏淮北、安徽沿淮及淮北地区的稻瘟病轻发区种植。

二十六、润农粳 1 号

(一)品种简介

申请者：山东润农种业科技有限公司。

育种者：山东润农种业科技有限公司。

品种来源：盐丰 47/9424。

(二)特征特性

润农粳 1 号是粳型常规水稻品种。在京津唐粳稻区种植，全生育期 175.5 d，比对照津原 45 晚熟 0.7 d。株高 115.3 cm，穗长 16.6 cm，每亩有效穗数 23.6 万穗，每穗总粒数 137.2 粒，结实率 89.5%，千粒重 25.9 g。

(三)抗性

稻瘟病综合指数两年分别为 2.9、3.2，穗颈瘟损失率最高级 3 级，条纹叶枯病最高级 5 级，中抗稻瘟病，中感条纹叶枯病。

(四)米质主要指标

整精米率 68%，垩白粒率 29.7%，垩白度 4.7%，直链淀粉含量 16.7%，胶稠度74 mm，达到国家《优质稻谷》(GB/T 17891—2017)标准 3 级。

(五)产量表现

2015 年参加京津唐粳稻组区域试验，平均亩产 677.31 kg，比对照津原 45 增产 6.4%；2016 年续试，平均亩产 701.31 kg，比对照津原 45 增产 9.75%。两年区域试验，平均亩产 689.31 kg，比对照津原 45 增产 8.08%。2017 年生产试验，平均亩产 618.65 kg，比对照津原 45 增产 4.16%。

(六)栽培技术要点

(1)适时播种。4 月上中旬播种，秧龄 45 d 左右。

(2)合理密度。栽插株行距为 28 cm×(14~15)cm，每穴插 3~4 苗。

(3)肥水管理。一般肥力田块每亩施纯氮 15 kg，其中 50%结合磷、钾肥用作基肥，其余 30%作为分蘖肥，20%作为孕穗肥。水浆管理要做到浅水移栽，深水活棵，依据苗情适

时晒田,复水后浅水勤灌,齐穗 10 d 后采取间歇灌溉,干湿交替,收割前 7 d 断水。

(4)防治病虫。浸种预防恶苗病,注意二化螟等病虫的危害。

(七)初审意见

该品种符合国家稻品种审定标准,通过初审。适宜在北京、天津、山东东营、河北冀东及中北部一季春稻区种植。

二十七、金粳 818

(一)品种简介

申请者:天津市水稻研究所。

育种者:天津市水稻研究所。

品种来源:津稻 9618/津稻 1007。

(二)特征特性

金粳 818 是粳型常规水稻品种。在京津唐粳稻区种植,全生育期 177.8 d,比对照津原 45 晚熟 4.1 d。株高 107.1 cm,穗长 15.4 cm,每亩有效穗数 24 万穗,每穗总粒数 120.9 粒,结实率 90.7%,千粒重 28.1 g。

(三)抗性鉴定

稻瘟病综合指数两年分别为 3.4、2.9,穗颈瘟损失率最高级 5 级,条纹叶枯病最高级 5 级,中感稻瘟病和条纹叶枯病。

(四)米质主要指标

整精米率 72.7%,垩白粒率 9.3%,垩白度 1.6%,直链淀粉含量 16%,胶稠度 70 mm,长宽比 1.7,达到农业行业《食用稻品种品质》(NY/T-593—2002)标准二级。

(五)产量表现

2016 年参加京津唐粳稻组区域试验,平均亩产 690.48 kg,比对照津原 45 增产 8.06%;2017 年续试,平均亩产 713.52 kg,比对照津原 45 增产 10.11%。两年区域试验,平均亩产 702 kg,比对照津原 45 增产 9.09%。2017 年生产试验,平均亩产 636.65 kg,比对照津原 45 增产 7.19%。

(六)栽培技术要点

(1)种子处理。用有效药剂浸泡防治干尖线虫病和恶苗病。

(2)适时播种、培育壮秧。控制播种量,控制秧龄,培育带蘖壮秧,秧田亩用种量同当地常规粳稻,秧龄在 35 d 左右。

(3)适当密植。株行距 26.6 cm×13.3 cm,每穴栽 3~4 株。

(4)肥水管理。氮、磷、钾、锌肥配合使用,注意干湿交替,确保有效穗在 20 万穗左右。

(5)病虫草害防治。注意对稻曲病的防治,其他病虫草害同一般常规稻。

(七)初审意见

该品种符合国家水稻品种审定标准,通过初审。适宜在北京、天津、山东东营、河北冀东及中北部一季春稻稻瘟病轻发区种植。

二十八、津原985

(一)品种简介

申请者:天津市原种场。

育种者:天津市原种场。

品种来源:津原100/津原89。

(二)特征特性

津原985是粳型常规水稻品种。在京津唐粳稻区种植,全生育期170.7 d,比对照津原45早熟3 d。株高97.9 cm,穗长18.6 cm,每亩有效穗数17.9万穗,每穗总粒数159.6粒,结实率90.7%,千粒重26.9 g。

(三)抗性鉴定

稻瘟病综合指数两年分别为3.2、2.9,穗颈瘟损失率最高级5级,条纹叶枯病最高级5级,中感稻瘟病和条纹叶枯病。

(四)米质主要指标

整精米率69.5%,垩白粒率23%,垩白度4.7%,直链淀粉含量15.9%,胶稠度71 mm,长宽比1.9,达到农业行业《食用稻品种品质》(NY/T-593—2002)标准三级。

(五)产量表现

2016年参加京津唐粳稻组区域试验,平均亩产692.98 kg,比对照津原45增产8.45%;2017年续试,平均亩产690 kg,比对照津原45增产6.48%。两年区域试验,平均亩产691.49 kg,比对照津原45增产7.46%。2017年生产试验,平均亩产648.85 kg,比对照津原45增产9.24%。

(六)栽培技术要点

(1)适时播种,4月上中旬播种,播前做好晒种与消毒。

(2)及时移栽,插秧期为5月中下旬,一般插秧密度:行距30 cm,株距15~18 cm,每穴3~5苗。

(3)肥料管理。中等地力亩需施纯氮16 kg、纯磷6.5 kg,配合施用钾、锌肥;氮、磷、钾肥以底座为主,耕地前或耙地前一次性施入;早施分蘖肥,促蘖;早施孕穗肥,孕穗初期施尿素5~6 kg。

(4)水分管理。插秧后至分蘖期一般上水6~10 cm,分蘖末期依据苗情晒田5~7 d,孕穗期至齐穗期不能缺水,灌浆后期间歇灌溉,收割前7 d左右停水。

(5)预防稻瘟病和稻曲病,稻穗破口前5~7 d喷施药防治一次、齐穗期防治一次;及时防治稻水象甲、二化螟等虫害。

(七)初审意见

该品种符合国家稻品种审定标准,通过初审。适宜在北京、天津、山东东营、河北冀东及中北部一季春稻稻瘟病轻发区种植。

二十九、天隆粳301

(一)品种简介

申请者:天津天隆科技股份有限公司。

育种者:天津天隆科技股份有限公司。

品种来源:津原45/盐丰47//津原45。

(二)特征特性

天隆粳301属粳型常规水稻品种。在辽宁南部、新疆南部和京津冀地区种植,全生育期160.9 d,比对照津原85晚熟4.2 d。株高102.5 cm,穗长16.6 cm,每亩有效穗数25.4万穗,每穗总粒数126.9粒,结实率83.4%,千粒重25.3 g。

(三)抗性鉴定

稻瘟病综合指数两年分别为5.0、3.0,穗颈瘟损失率最高级5级,条纹叶枯病最高级5级,中感稻瘟病和条纹叶枯病。

(四)米质主要指标

整精米率68.6%,垩白粒率6.3%,垩白度1.5%,直链淀粉含量15.2%,胶稠度70 mm,达到国家《优质稻谷》(BG/T 17891—2017)标准2级。

(五)产量表现

2015年参加中早粳稻晚熟组区域试验,平均亩产672.46 kg,比对照津原85增产0.77%;2016年续试,平均亩产652.07 kg,比对照津原85增产0.62%。两年区域试验,平均亩产662.27 kg,比对照津原85增产0.93%。2017年生产试验,平均亩产590.2 kg,比对照津原85增产5.76%。

(六)栽培技术要点

(1)适时播种、合理密植。播种量,依据不同栽培方式进行选择,一般播种量2~2.5 kg/亩,一般插秧行株距30 cm×13.3 cm,每穴4~5株。

(2)水分管理。必须注意保持灌浆期水分供应,同时在中前期注意晒田,以控制无效蘖、增加根系活力和控制基部茎秆长度。

(3)施肥。可参考本地条件进行,但要依据前重、中适、后轻原则。最好适量施用硅、钾肥,以增强抗倒和抗病虫害能力。

(4)病虫害防治。虫害注意苗期稻飞虱的防治,以防止稻飞虱传条纹叶枯病;病害注意稻瘟病、稻曲病的防治,一般在始穗和齐穗期各防治一次。

(七)初审意见

该品种符合国家稻品种审定标准,通过初审。适宜在辽宁省南部稻区、河北省冀东、北京市、天津市、新疆南疆稻区的稻瘟病轻发区种植。

三十、扬粳3491

(一)亲本来源

9516/686//镇稻99/9363(♀) 武运粳21号(♂)。

(二)选育单位

江苏里下河地区农业科学研究所,江苏农科种业研究院有限公司。

(三)品种类型

粳型常规水稻。

(四)审定情况

2018年江苏审定,编号:苏审稻20180006(江苏省农业委员会公告〔2018〕第9号)。

（五）特征特性

属中熟中粳稻品种。株型较紧凑，分蘖力较强，群体整齐度好，穗型较大，叶色中绿，叶姿较挺，后期熟相好。省区试平均结果：每亩有效穗 22.4 万，每穗实粒数 122.5 粒，结实率 93.0%，千粒重 27.8 g，株高 96.8 cm，全生育期 148.1 d，与对照相当。

（六）病害鉴定

稻瘟病损失率 5 级、稻瘟病综合抗性指数 5.0，中感稻瘟病，中感白叶枯病，感纹枯病，中感条纹叶枯病。

（七）米质理化指标

根据农业部食品质量监督检验测试中心（武汉）2015 年检测：整精米率 67.1%，垩白粒率 3.0%，垩白度 0.9%，胶稠度 70.0 mm，直链淀粉含量 16.7%，达到国家标准《优质稻谷》（GB/T 17891—2017）2 级优质稻谷标准。

（八）产量表现

2015~2016 年参加江苏省区试，两年平均亩产 715.6 kg，较对照武运粳 27 号增产 6.3%。2017 年生产试验平均亩产 673.8 kg，较对照武运粳 27 号增产 6.9%。

（九）栽培技术要点

（1）适期播种，培育壮秧。5 月下旬播种，湿润育秧每亩播量 25~30 kg，旱育秧每亩播量 35~40 kg，塑盘育秧每盘 120~130 g，大田用种量每亩 3~4 kg。

（2）适时移栽，合理密植。一般 6 月中下旬移栽，秧龄控制在 30~35 d，每亩栽插 2 万穴，基本苗 6 万~8 万；机插秧秧龄 18~20 d，每亩 1.8 万穴，基本苗 6 万~8 万。

（3）科学肥水管理。一般亩施纯氮 18~20 kg，氮、磷、钾搭配使用，比例为 1:0.5:0.5，肥料运筹掌握前重、中稳、后补的施肥原则，基蘖肥与穗肥比例以 6:4左右为宜，早施分蘖肥，拔节期稳施氮肥，后期重施保花肥。水浆管理上掌握浅水栽插，寸水活棵，薄水分蘖，适当露田；当亩总茎蘖数达 20 万时分次适度搁田，后期间隙灌溉，干湿交替，强秆壮根，收割前一周断水。

（4）病虫害防治。播前用药剂浸种防治恶苗病和干尖线虫病等种传病虫害，秧田期和大田期注意灰飞虱、稻蓟马的防治，中、后期要综合防治纹枯病、螟虫、稻飞虱、稻瘟病等。尤其要注意稻瘟病的防治。

（十）审定意见

通过审定，适宜在江苏省苏中地区种植。

三十一、郑旱 9 号

（一）品种简介

郑旱 9 号是选育单位：河南省农业科学院粮食作物研究所，用品种 IRAT109/越富选育而成的水稻品种。2008 年 8 月 7 日第二届国家农作物品种审定委员会第二次会议审定通过，审定编号为：国审稻 2008042。

（二）特征特性

郑旱 9 号属粳型常规旱稻。在黄淮海地区作麦茬旱稻种植，全生育期 119 d，比对照旱稻 277 晚熟 3 d。株高 108.1 cm，穗长 18.1 cm，每穗总粒数 91.3 粒，结实率 77.7%，千粒重 32.9 g。

（三）抗性鉴定

叶瘟 5 级，穗颈瘟 3 级；抗旱性 3 级。

（四）米质主要指标

整精米率 46.6%，垩白粒率 62%，垩白度 5.1%，直链淀粉含量 13.8%，胶稠度 85 mm。

（五）产量表现

2006 年参加黄淮海麦茬稻区中晚熟组旱稻区域试验，平均亩产为 307 kg，比对照旱稻 277 增产 6.6%（显著）；2007 年续试，平均亩产 339.6 kg，比对照旱稻 277 增产 20.2%（极显著）。两年区域试验，平均亩产 323.3 kg，比对照旱稻 277 增产 13.3%，增产点比例 95%。2007 年生产试验，平均亩产为 344 kg，比对照旱稻 277 增产 14.6%。

（六）栽培技术要点

（1）种子处理。播前可实施种子包衣或撒毒土防治地下害虫。

（2）播种。黄淮地区 5 月下旬至 6 月上旬播种。播前田块翻耕整平，条播行距 25 cm，每亩播种量 6~7 kg，播深 2 cm，足墒播种或播后浇蒙头水。

（3）除草。播后至出苗前用 60%丁草胺 100 mL+25%农思它 150 mL，兑水 60~75 kg 进行土壤封闭；四叶期后出现杂草，用 20%敌稗乳油 500 mL+60%丁草胺 100 mL，兑水 60~75 kg 进行茎叶处理。

（4）肥水管理。重视氮、磷、钾以及硅、锌全量基肥的施用；五叶期结合灌水进行第一次追肥，每亩追尿素 10 kg；两周后每亩追尿素 10 kg 作孕穗肥；拔节前酌情追施 3~5 kg 尿素作穗粒肥。保证关键生育时期的灌溉。

（5）病虫害防治。分蘖期和抽穗期喷施杀虫剂防治稻纵卷叶螟、稻苞虫，并注意稻飞虱防治；破口期、齐穗期喷施三环唑，防治稻瘟病。

（七）审定意见

该品种符合国家稻品种审定标准，通过审定。产量高，抗旱性强，中抗稻瘟病，米质一般。适宜在河南省、江苏省、安徽省、山东省的黄淮流域稻区作夏播旱稻种植。

三十二、郑旱 10 号

（一）品种简介

郑旱 10 号是育种者：河南省农业科学院，用品种郑州早粳/中 02123 选育而成的水稻品种。由申请者河南省农业科学院提出申请，2012 年 12 月 24 日经第三届国家农作物品种审定委员会第一次会议审定通过，审定编号为：国审稻 2012043。

（二）特征特性

郑旱 10 号是粳型常规旱稻品种。黄淮海地区作麦茬旱稻种植，全生育期平均为 118 d，比对照旱稻 277 长 3 d。株高 83.6 cm，穗长 14.7 cm，每穗总粒数 74.3 粒，结实率 88.5%，千粒重 28.1 g。

（三）抗性鉴定

稻瘟病综合抗性指数 4.0，穗颈瘟损失率最高级 3 级，中抗稻瘟病；抗旱性中等 5 级。

(四)米质主要指标

整精米率62.4%,垩白米率41%,垩白度2.8%,胶稠度79 mm,直链淀粉含量17.1%。

(五)产量表现

2009年参加黄淮海麦茬稻区旱稻区试,平均亩产319.8 kg,比对照旱稻277增产5.2%;2010年续试,平均亩产326.0 kg,比旱稻277增产16.6%。两年区域试验,平均亩产322.9 kg,比旱稻277增产10.7%。2011年生产试验,平均亩产371.1 kg,比旱稻277增产7.1%。

(六)栽培技术要点

(1)条播行距30 cm左右,播深2 cm,亩播种量6~8 kg。

(2)重视氮、磷、钾以及硅、锌全量基肥的施用,五叶期、孕穗期分别亩追尿素10 kg,拔节前亩追施尿素3~5 kg。

(3)播种齐苗水、分蘖水以及拔节、孕穗、扬花、灌浆水要有保障。

(4)播前种衣剂拌种,防地下害虫、促壮苗;注意防治稻纵卷叶螟、二化螟、稻苞虫、稻飞虱、稻瘟病和稻曲病等病虫害。

(七)审定意见

该品种符合国家水稻品种审定标准,通过审定。适宜在河南、江苏、安徽、山东的黄淮流域作夏播旱稻种植。

三十三、原旱稻3号

(一)品种简介

育种者:原阳沿黄农作物研究所,用品种辐2115/中作93//原89-42选育而成的水稻品种。由申请者:原阳沿黄农作物研究所提出申请,2012年12月24日经第三届国家农作物品种审定委员会第一次会议审定通过,审定编号为:国审稻2012041。

(二)特征特性

原旱稻3号是粳型常规旱稻品种。黄淮海地区作麦茬旱稻种植,全生育期平均为120 d,比对照旱稻277长5 d。株高105.1 cm,穗长17.1 cm,平均每穗总粒数99.7粒,结实率81.4%,千粒重26.1 g。

(三)抗性鉴定

稻瘟病综合抗性指数5.5,穗颈瘟损失率最高级5级,中感稻瘟病;抗旱性中等5级。

(四)米质主要指标

整精米率67.1%,垩白米率15.5%,垩白度1.2%,胶稠度82 mm,直链淀粉含量16.4%,达到国家《优质稻谷》(GB/T 17891—2017)标准2级。

(五)产量表现

2009年参加黄淮海麦茬稻区旱稻区试,平均亩产367.5 kg,比对照旱稻277增产20.9%;2010年续试,平均亩产346.8 kg,比旱稻277增产24.1%。两年区域试验,平均亩产357.2 kg,比旱稻277增产22.4%。2011年生产试验,平均亩产383.0 kg,比旱稻277增产10.1%。

（六）栽培技术

（1）条播行距 30 cm 左右，播深 2~3 cm，亩播种量 7~8 kg。

（2）亩施用氮、磷、钾复合肥 40 kg 作基肥，苗期和分蘖期可分别亩追施尿素 10 kg、20 kg，后期视苗情可进行叶面喷肥。

（3）注意播种齐苗水、分蘖水和孕穗灌浆水管理。

（4）播前种衣剂拌种，防治地下害虫、促壮苗；注意防治螟虫、稻飞虱、穗颈瘟等病虫害。

（七）审定意见

该品种符合国家稻品种审定标准，通过审定。适宜在河南、江苏、安徽、山东的黄淮流域作夏播旱稻种植。

（1）米质优。农业部食品质量监督检验测试中心（武汉）分析，米质主要指标：整精米率 67.1%，垩白米率 15.5%，垩白度 1.2%，胶稠度 82 mm，直链淀粉含量 16.4%，达到国家《优质稻谷》（GB/T 17891—2017）标准 2 级。

（2）高产稳产。2009 年该品种参加国家旱稻黄淮海麦茬稻区中晚熟组区域试验，11 点试验全部增产，平均亩产 367.5 kg，比对照旱稻 277 增产 20.9%，增产达极显著水平，居 12 个参试品种第 1 位；2010 年该品种继续参加该组试验，10 点试验全部增产，平均亩产 346.8 kg，较对照旱稻 277 增产 24.1%，增产达极显著水平，居 11 个参试品种第 2 位；2011 年 5 点生产试验，5 点全部增产，平均亩产 383.0 kg，较对照旱稻 277 增产 10.1%，居试验第 1 位。

（3）耐旱抗病综合抗性强。经国家水稻品种试验指定鉴定单位天津市植物保护研究所鉴定，稻瘟病综合抗性指数 5.5，穗颈瘟损失率最高级 5 级，中感稻瘟病；抗旱性中等 5 级。

（4）广适性好，适宜夏直播。该品种适宜在河南、山东、江苏、安徽黄淮流域夏直播种植。

三十四、津原 85（常规水稻）

（一）特征特性

该品种属粳型常规水稻。在辽南、南疆及京、津地区种植，全生育期 157.2 d，与对照金珠 1 号相当。株高 89.7 cm，穗长 19.8 cm，每穗总粒数 97.2 粒，结实率 93.6%，千粒重 26.2 g。

（二）抗性鉴定

苗瘟 3 级，叶瘟 3 级，穗颈瘟 3 级。

（三）米质主要指标

整精米率 61.8%，垩白粒率 13.5%，垩白度 1.6%，胶稠度 81 mm，直链淀粉含量 14.8%。

（四）产量表现

2002 年参加北方稻区金珠 1 号组区域试验，平均亩产 682.8 kg，比对照金珠 1 号增产 8.5%（不显著）；2003 年续试，平均亩产 650.8 kg，比对照金珠 1 号增产 6.2%（极显著）；两年区域试验平均亩产 667.9 kg,比对照金珠 1 号增产 7.4%。2004 年生产试验平均亩产 580.4 kg,比对照金珠 1 号增产 3.4%。

(五)栽培技术要点

(1)育秧。适时播种,每亩秧田播种量 70 kg,秧龄 40~50 d。

(2)移栽。行距 26.5 cm,株距 13.5 cm,每穴 3~5 粒谷苗。

(3)肥水管理。底肥氮肥占总肥量的 50%,结合磷、钾肥混入土内;分蘖肥占 30%,分两次施入;孕穗肥占总量的 20%。

(4)病虫害防治。注意防治稻瘟病、干尖线虫病、纹枯病等病虫害。

(六)国审编号

国审稻 2005040。

(七)审定意见

该品种符合国家稻品种审定标准,通过审定。该品种丰产性较好,较稳产,抗旱性中等,中抗稻瘟病,抗倒能力强,米质较优。适宜在河南省、江苏省、安徽省、山东省的黄淮流域和陕西省汉中稻区作夏播旱稻种植。

三十五、南粳 9108

(一)品种简介

2018 年江苏审定,编号:苏审稻 20180006(江苏省农业委员会公告〔2018〕第 9 号)。

申请者:江苏里下河地区农业科学研究所、江苏农科种业研究院有限公司。

育种者:江苏里下河地区农业科学研究所、江苏农科种业研究院有限公司。

原名“宁 9108”,由江苏省农业科学院粮食作物研究所以武香粳 14 号/关东 194 杂交,于 2009 年育成,属迟熟中粳稻品种。2015 年被评为农业部超级稻品种。

(二)特征特性

2011~2012 年参加江苏省区试,两年区试平均亩产 644.2 kg。2011 年较对照淮稻 9 号增产 5.2%,增产达极显著水平;2012 年较对照淮稻 9 号增产 3.2%,较对照镇稻 14 增产 0.1%。2012 年生产试验,平均亩产 652.1 kg,较对照淮稻 9 号增产 7.3%。

株型较紧凑,长势较旺,分蘖力较强,叶色淡绿,叶姿较挺,抗倒性较强,后期熟相好。省区试平均结果:每亩有效穗数 21.2 万穗,穗实粒数 125.5 粒,结实率 94.2%,千粒重 26.4 g,株高 96.4 cm,全生育期 153 d,较对照早熟 1 d。

(三)抗性鉴定

感穗颈瘟,中感白叶枯病、高感纹枯病,抗条纹叶枯病。

(四)米质理化指标

根据农业部食品质量检测中心 2012 年检测:整精米率 71.4%,垩白粒率 10.0%,垩白度 3.1%,胶稠度 90 mm,直链淀粉含量 14.5%,属半糯类型,为优质食味品种。

(五)栽培技术要点

(1)适时播种,培育壮秧。一般 5 月上中旬播种,机插育秧 5 月下旬播种。每亩净秧板播量 20 kg 左右,旱育秧每亩净秧板播量 40~50 kg,塑盘育秧每盘 100~120 g,每亩大田用种量 3~4 kg。

(2)适时移栽,合理密植。移栽稻秧龄控制在30 d左右,机插稻秧龄控制在18~20 d,亩栽1.6万~1.8万穴,每亩茎蘖苗7万~8万。

(3)科学肥水管理。一般亩施纯氮16~18 kg,肥料运筹上掌握“前重、中稳、后补”的原则,基蘖肥、穗肥比例以7:3为宜,为保持其优良食味品质,宜少施氮肥,注重磷、钾肥的配合施用,多施有机肥,特别是后期尽量不施氮肥,施好促花肥、保花肥。前期薄水勤灌促进早发,中期干湿交替强秆壮根,后期湿润灌溉活熟到老,收获前7~10 d断水,切忌断水过早。

(4)病虫草害防治。播种前用药剂浸种预防恶苗病和干尖线虫病等种传病害,秧田期和大田期注意灰飞虱、稻蓟马等的防治,中后期要综合防治纹枯病、螟虫、稻纵卷叶螟、稻飞虱等,特别要注意黑条矮缩病、穗颈稻瘟病和纹枯病的防治。

附　录

附录1　稻鸭共作技术操作规程

（原阳县农业科学研究所　张培杰，2013年4月）

稻鸭共作是以水田为基础，以种稻为中心，家鸭野养为特点的自然生态和人为干预相结合的复合生态系统，可最大限度地使稻区环境不受污染，是实现稻田可持续种养、节约种养成本、生产有机稻米和有机鸭肉的全新生态农业新技术。其操作技术要点如下。

一、田块选择

稻鸭共作应选择无污染、水资源丰富、地势平坦、成方连片的地块作为稻鸭共作区。为了使稻田能保持8~10 cm的水层，所有田埂必须达到高20 cm，面宽30~40 cm，便于鸭子休息与保水。

二、稻、鸭种苗准备

（一）水稻品种要求

选择型株高适中、株型挺拔、分蘖力强、直穗，抗稻瘟病、稻曲病，熟期适中，高产优质的水稻品种。以肥床育秧培育适龄壮苗（秧龄在30~35 d、叶龄四至五叶）。

（二）鸭子品种要求及育雏

稻田鸭应选择中小体型、运动灵活、食量较小，野外生存能力强、抗逆性强、适饲广的品种。提倡选用以家鸭与野鸭杂交选育的役用鸭品种，如镇鸭1号、镇鸭2号，另外高邮麻鸭、金定麻鸭、巢湖鸭等均适宜稻鸭共作。由于鸭子孵化周期一般为28 d，插秧后5~7 d是放鸭的最适宜期，因此种蛋入孵期可根据插秧日期和放鸭日期向前倒推出入孵日期，并依此向孵坊、鸭场订购苗鸭。同时要做好育雏和大田放养的前期准备工作，如初放区、运动场、驯水池等，以达到不违农时，适期放养的技术要求。

三、役用鸭饲养技术

（一）放鸭的条件和时间

一般插秧后5~7 d水稻扎根返苗后就要尽早放鸭（机械插秧较人工插秧的放鸭时间要向后顺延3~5 d），这是因为栽后7~10 d是杂草萌发第一高峰期，杂草数量大、发生早、危害大，是防除的主攻目标。因此，要想达到较理想的除草效果，及时放鸭入田是关键。鸭舌草科、浮萍科、伞科、菊科等科的多种杂草为鸭所喜食；禾本科、蓼科、莎草科的一些杂草，鸭虽不喜食，但可以通过早放鸭，经小鸭多次啄挖、践踏而灭除。

放鸭时间一般宜选择晴天 9:00~10:00,此时气温逐渐回升,放鸭入田,可减轻鸭苗的应激反应,增强鸭苗的适应性。如遇雨天,可适当提前或推后 1~2 d 放鸭入田;如遇连阴雨天,可适当推迟放鸭时间;若鸭子已在初放区驯水完毕,阴雨天也可以放鸭。

(二)放养密度

根据十几年的从事稻鸭共生工作的经验,一般以每亩放养 15~20 只为宜,初期开展稻鸭共作以 5~6 亩地为一个放养单元,每群 80~100 只为宜;技术成熟后以 10 亩地为一个放养单元,每群 150~200 只为宜。这样做既有利于避免过于群集而踩伤前期稻苗,又能将鸭分布到圈定范围稻田的各个角落去寻找食物,从而均匀控制田间害虫和杂草。放养雏鸭时,最好在一群里放养 3~4 只大 1~2 个周龄的幼鸭,起到遇外敌时能及时发出预警信息,躲风避雨能起领头的作用。切忌在大 1~2 周龄鸭群中放入小雏鸭,以免小雏鸭受到幼鸭虐待。鸭苗放养前必须注射预防鸭瘟等病害的疫苗。

(三)放鸭地点和区域

鸭苗未到之前,要在每一个放鸭单元大田地块设置一个初放区,初放面积 8~10 m^2,四面围网,留一个活动门,方便放鸭收鸭;每个初放区配套搭建一个简易鸭棚,为鸭苗遮阴避雨,遮阴棚要求 3~5 m^2,坐北朝南,三面可围草帘子,南面敞开;简易棚顶要有防雨功能,棚内铺设稻草,放置浅底盛水盆,同时铺上一块编织袋,方便为鸭苗投放饲料,使雏鸭尽早适应新环境,自动吃食和下水嬉戏。鸭苗到后,先在初放区放养 1~2 d,对鸭苗进行训练和管理。每次投料要边吹哨子边放饲料,驯化雏鸭聚集采食,培养鸭子"召之即来"的习性。1~2 d 待鸭适应环境后,可将其放入大田,但初放区围网不要拆除,以便后期回收鸭子、中间测量体重时使用。

(四)增加辅助饲料

放养的雏鸭前 10 d 觅食能力差,早晚要添补一些易消化、营养丰富的饲料,以便满足早期生长发育的需要,以后逐步转向自由采食为主,适当饲喂为辅。雏鸭在放入稻田的前 3 d,应采用料台不断料,随时可采食的饲喂方法,但要掌握少喂勤添,以免浪费或变馊。3 d 后逐步改为一日 3 次,但要保证每次雏鸭采食后料台上都要剩一点饲料,保证每只鸭苗都能吃饱,健康均匀生长、大小一致。鸭苗放入稻田后,会很快采食水稻田内的杂草、害虫和一些小动物,因此可根据稻田内天然食物的存量情况、鸭子的肥瘦情况,逐步地把鸭子的喂料次数降到一日 2 次、一日 1 次。但要保证鸭子有一定的体膘,保持旺盛的活力,增强鸭子体能。

鸭放到稻田 20 d 左右,把预先繁殖的绿萍放到稻间,形成稻、鸭、绿萍的自然生态体系,绿萍既是鸭的直接补充饲料,又能引来部分食萍昆虫,增加鸭的动物饲料;绿萍又有固氮功能,老化腐烂后是水稻优良的有机肥。如不做绿萍种植,可适当增加饲料,以保证鸭子生长所需的能量。

(五)外敌防护设施建设

大田插秧结束后要抓紧时间围网,为了使鸭子不受黄鼠狼等外敌侵害和防止鸭子逃跑,稻田四周要用网眼 3 cm 规格尼纶丝网沿田埂围隔,每 5~6 亩地中间隔一道网,防止鸭子群体过大,分布不均,达不到除草效果。围网高度以 0.6~0.8 m 为宜,每 2~3 m 插一根小竹竿支撑网墙。网片要用扎带紧固在竹竿上,两根竹竿的下面要用 40 cm 的小树枝对折把网片固定到泥土里。

四、水稻栽培技术

(一)移栽技术

当稻苗秧龄30~35 d,叶龄四至五叶,苗高20~30 cm时,即可整田移栽。水稻种植密度一般采用株行距30 cm×12 cm为宜,每亩栽1.6万穴,每穴3~4苗,基本苗6万~6.5万,既利于水稻高产,也有利于鸭在株间穿行。机械插秧要把取秧量调至最大,适当放大株距。

(二)生物防治病虫草害

稻间害虫主要靠鸭捕食,并辅以高效的生物农药防治。由于二化螟、三化螟卵块产于植株叶片中上部,蚁螟孵化后就蛀茎为害,造成枯心和白穗,仅靠鸭子难以达到防治要求,因此建议安装太阳能诱虫灯诱杀螟蛾,从而减轻落卵量,同时配合使用苦皮藤提取物、楝素(苦楝、印楝等提取物)苦参碱及氧化苦参碱(苦参等提取物)、鱼藤酮类(如毛鱼藤)等喷雾防治。“三位一体”的防治体系,能保证水稻不会受到害虫的灾害性危害。原阳县引黄稻区能形成危害的杂草主要是稻稗,稻田养鸭通过鸭子在田间活动,行间的稻稗会被鸭子采食或践踏而死,但是对于靠穴和夹心稻稗需要配合人工拔除。稻田养鸭田的病害防治,真菌类病害主要以石硫合剂、氢氧化钙、波尔多液等矿物源杀菌剂,其他菌类病害以天然酸、小檗碱(黄连、黄柏等提取物)等,辅之以井冈霉素、多菌灵。稻田养鸭地块的病害防治,应突出以防为主,防重于治的理念,否则可能导致事倍而功半。

(三)水分管理

稻鸭共作技术大田水分管理,既要考虑水稻生理生态需水特点,又要考虑鸭子生活习性。

1.放鸭初期水分管理

鸭苗放入稻田之前,一定要调节好水层,刚插秧的田块要深水扶秧,以利于秧苗活棵,栽后5~7 d返青活棵后适当调整水层,以利放鸭,水太浅,不利鸭子活动和躲避天敌;水太深,浑水效果差,不利除草等。可通过多观察鸭子在稻田中的活动情况,调节水深。一般以鸭苗活动时鸭脚能触到田泥为好。

2.放鸭期间水管理

放鸭后的水层管理应做到稻、鸭兼顾。从鸭子考虑,应始终保持稻田有水层,只添水、不排水。稻鸭共作形成的浑水含有肥料,排水会导致养分流失,所以不排水,只是在稻田水层减少时适当补充一些水。有水层,鸭子就能充分发挥其在水中游戏、觅食的功能,亦可有效防御陆生天敌,还有利于抑制次生杂草;没有水,鸭的活动能力就要大打折扣,所以稻鸭共作田建立水层,保持浅水对鸭子开展各项田间作业极为有利。水层深度以保持5~8 cm最好,这样,杂草容易被鸭子采食和被鸭脚践踏,踩入泥中而死,水生的小动物也容易被捕捉到,随着鸭子和水稻的正常生长,水层可逐渐加深。

3.水稻晒田技术

鸭属水禽,在稻间觅食活动期间,田面有浅水层,鸭子洗羽都能得到保证。晒田期间,鸭棚旁要备有饮水和盛水器具,保证鸭子饮水和洗澡用水的供应。为了不影响鸭子

在稻间觅食生长，最好在移栽水稻前一次性施足底肥，以腐熟长效的有机肥为主，施肥量视土质优劣而定，追肥以鸭排泄物和绿萍腐烂还田肥土代替。

(四)施肥技术

稻鸭共作原则上不施用化学合成肥料作基肥和追肥，如确需补充地力，建议使用饼肥，一般亩施100~150 kg为宜。如果不进行有机生产，底肥可以用多元复合肥，一般每亩地不超过50 kg。为确保不施化肥、农药、除草剂，实现严格意义上的有机稻米生产，在地力培肥上还可以通过水旱轮作、种植绿肥、观花油菜等，增加稻田有机质含量，提高土壤肥力。

五、成熟鸭和水稻收获

水稻抽穗后进入灌浆阶段，稻穗逐渐下垂，在稻丛间活动的鸭群就会啄食稻穗上的灌浆谷粒，而且一旦开始啄食稻穗，就不再去寻找别的食物，稻田鸭就起不到除草除虫的作用。这时，要及时把鸭群从稻间赶出，以免鸭子对稻穗造成危害，影响水稻产量和碾米品质，待水稻成熟后，要适时收获。稻田间放养两个月左右的役用鸭，每只重可达1.3~1.5 kg，公鸭可上市作肉鸭出售，母鸭可以作为蛋鸭继续饲养。

附录 2　有机植物生产中允许使用的投入品

附表 2-1　土壤培肥和改良物质

类别	名称和组分	使用条件
Ⅰ.植物和动物来源	植物材料(秸秆、绿肥等)	
	畜禽粪便及其堆肥(包括圈肥)	经过堆制并充分腐熟
	畜禽粪便和植物材料的厌氧发酵产品(沼肥)	
	海草或海草产品	仅直接通过下列途径获得: 物理过程,包括脱水、冷冻和研磨; 用水或酸和/或碱溶液提取; 发酵
	木料、树皮、锯屑、刨花、木灰、木炭及腐殖酸类物质	来自采伐后未经化学处理的木材,地面覆盖或经过堆制
	动物来源的副产品(血粉、肉粉、骨粉、蹄粉、角粉、皮毛、羽毛和毛发粉、鱼粉、牛奶及奶制品等)	未添加禁用物质,经过堆制或发酵处理
	蘑菇培养废料和蚯蚓培养基质	培养基的初始原料限于本附录中的产品,经过堆制
	食品工业副产品	经过堆制或发酵处理
	草木灰	作为薪柴燃烧后的产品
	泥炭	不含合成添加剂。不应用于土壤改良;只允许作为盆栽基质使用
	饼粕	不能使用经化学方法加工的
Ⅱ.矿物来源	磷矿石	天然来源,镉含量小于或等于 90 mg/kg 五氧化二磷
	钾矿粉	天然来源,未通过化学方法浓缩。氯含量小于 60%
	硼砂	天然来源,未经化学处理、未添加化学合成物质
	微量元素	天然来源,未经化学处理、未添加化学合成物质
	镁矿粉	天然来源,未经化学处理、未添加化学合成物质
	硫黄	天然来源,未经化学处理、未添加化学合成物质
	石灰石、石膏和白垩	天然来源,未经化学处理、未添加化学合成物质

续附表 2-1

类别	名称和组分	使用条件
Ⅱ.矿物来源	黏土(如珍珠岩、蛭石等)	天然来源,未经化学处理、未添加化学合成物质
	氯化钠	天然来源,未经化学处理、未添加化学合成物质
	石灰	仅用于茶园土壤 pH 调节
	窑灰	未经化学处理、未添加化学合成物质
	碳酸钙镁	天然来源,未经化学处理、未添加化学合成物质
	泻盐类	未经化学处理、未添加化学合成物质
Ⅲ.微生物来源	可生物降解的微生物加工副产品,如酿酒和蒸馏酒行业的加工副产品	未添加化学合成物质
	天然存在的微生物提取物	未添加化学合成物质

附表 2-2　植物保护产品

类别	名称和组分	使用条件
Ⅰ.植物和动物来源	楝素(苦楝、印楝等提取物)	杀虫剂
	天然除虫菊素(除虫菊科植物提取液)	杀虫剂
	苦参碱及氧化苦参碱(苦参等提取物)	杀虫剂
	鱼藤酮类(如毛鱼藤)	杀虫剂
	蛇床子素(蛇床子提取物)	杀虫、杀菌剂
	小檗碱(黄连、黄柏等提取物)	杀菌剂
	大黄素甲醚(大黄、虎杖等提取物)	杀菌剂
	植物油(如薄荷油、松树油、香菜油)	杀虫剂、杀螨剂、杀真菌剂、发芽抑制剂
	寡聚糖(甲壳素)	杀菌剂、植物生长调节剂
	天然诱集和杀线虫剂(如万寿菊、孔雀草、芥子油)	杀线虫剂
	天然酸(如食醋、木醋和竹醋)	杀菌剂
	菇类蛋白多糖(蘑菇提取物)	杀菌剂
	水解蛋白质	引诱剂,只在批准使用的条件下,并与本附录的适当产品结合使用
	牛奶	杀菌剂
	蜂蜡	用于嫁接和修剪
	蜂胶	杀菌剂
	明胶	杀虫剂

续附表 2-2

类别	名称和组分	使用条件
Ⅰ.植物和动物来源	卵磷脂	杀真菌剂
	具有驱避作用的植物提取物(大蒜、薄荷、辣椒、花椒、薰衣草、柴胡、艾草的提取物)	驱避剂
	昆虫天敌(如赤眼蜂、瓢虫、草蛉等)	控制虫害
Ⅱ.矿物来源	铜盐(如硫酸铜、氢氧化铜、氯氧化铜、辛酸铜等)	杀真菌剂,防止过量施用而引起铜的污染
	石硫合剂	杀真菌剂、杀虫剂、杀螨剂
	波尔多液	杀真菌剂,每年每公顷铜的最大使用量不能超过 6 kg
	氢氧化钙(石灰水)	杀真菌剂、杀虫剂
	硫黄	杀真菌剂、杀螨剂、驱避剂
	高锰酸钾	杀真菌剂、杀细菌剂;仅用于果树和葡萄
	碳酸氢钾	杀真菌剂
	石蜡油	杀虫剂,杀螨剂
	轻矿物油	杀虫剂、杀真菌剂,仅用于果树、葡萄和热带作物(例如香蕉)
	氯化钙	用于治疗缺钙症
	硅藻土	杀虫剂
	黏土(如斑脱土、珍珠岩、蛭石、沸石等)	杀虫剂
	硅酸盐(硅酸钠、石英)	驱避剂
	硫酸铁(3 价铁离子)	杀软体动物剂
Ⅲ.微生物来源	真菌及真菌提取物剂(如白僵菌、轮枝菌、木霉菌等)	杀虫剂、杀菌剂、除草剂
	细菌及细菌提取物(如苏云金芽孢杆菌、枯草芽孢杆菌、蜡质芽孢杆菌、地衣芽孢杆菌、荧光假单胞杆菌等)	杀虫剂、杀菌剂、除草剂
	病毒及病毒提取物(如核型多角体病毒、颗粒体病毒等)	杀虫剂

续附表 2-2

类别	名称和组分	使用条件
Ⅳ.其他	氢氧化钙	杀真菌剂
	二氧化碳	杀虫剂,用于储存设施
	乙醇	杀菌剂
	海盐和盐水	杀菌剂,仅用于种子处理,尤其是稻谷种子
	明矾	杀菌剂
	软皂(钾肥皂)	杀虫剂
	乙烯	香蕉、猕猴桃、柿子催熟,菠萝调花,抑制马铃薯和洋葱萌发
	石英砂	杀真菌剂、杀螨剂、驱避剂
	昆虫性外激素	仅用于诱捕器和散发皿内
	磷酸氢二铵	引诱剂,只限用于诱捕器中使用
Ⅴ.诱捕器、屏障	物理措施(如色彩诱器、机械诱捕器)	
	覆盖物(网)	

参考文献

[1]王介元,王昌全.土壤肥料学[M].北京:中国农业科技出版社,1997.

[2]中华人民共和国国家质量监督检验检疫总局.有机产品:GB 19630.1—2011[S].北京:中国标准出版社,2012.

[3]王向前.新乡市水稻种植面积下降原因及发展对策[J].河南农业,2017(1)(上).

后　记

经过近一个月的实地考察、精心准备、认真写作,《河南沿黄稻区优质绿色水稻轻型栽培技术》终于完稿了。本书在编写过程中得到了单位领导和同事及社会上很多同仁的帮助和支持,在此向他们表示衷心的感谢！由于编写时间仓促,书中难免存在问题和不足,衷心希望业界同仁提出宝贵的意见和建议,我们将虚心接受并在今后的工作中加以改进。

本书是根据河南沿黄稻区的农事习惯、土壤特性、气候特点和农民在实践中的实际应用情况总结形成的,有些数据仅限于河南沿黄区域内使用,特此说明。

附　图

附图 1-1　太平镇主产区直播稻长势

附图 2-1　水稻直播田幼苗期

附图 2-2　马唐

附图 2-3　鸭舌草

附图 2-4 野慈姑

附图 2-5 田间的稻稗

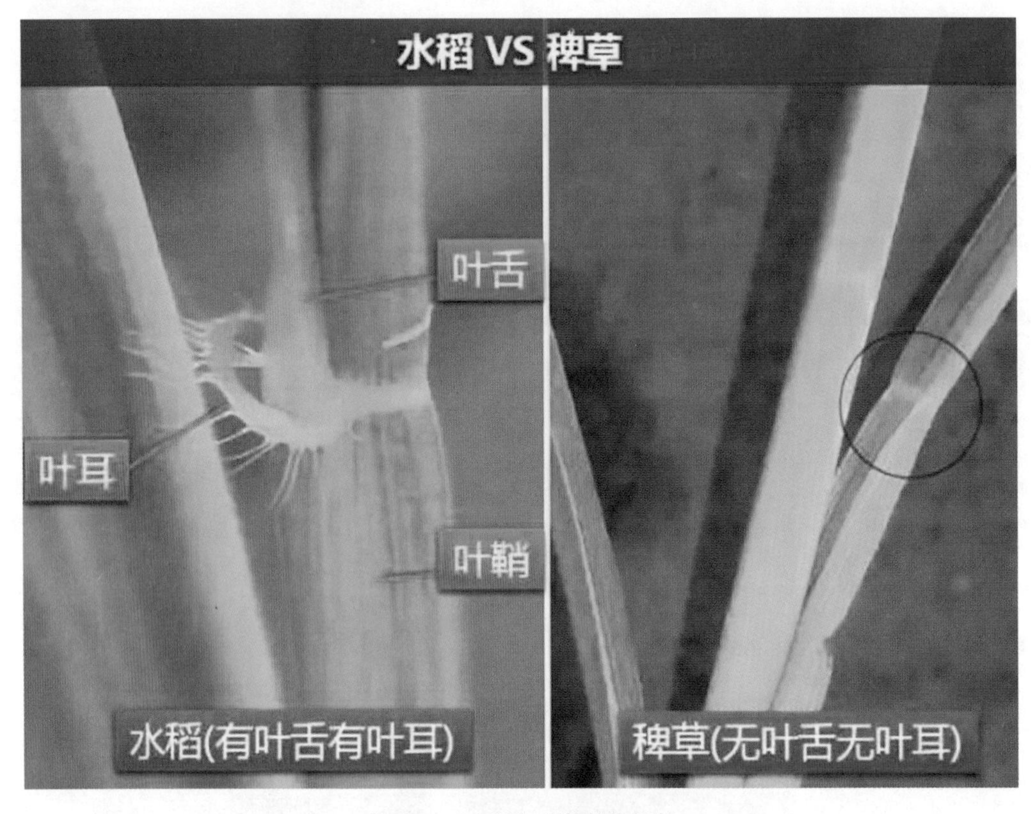

附图 2-6　水稻与稻稗特征比较

附图 2-7　千金子生长前期

附图 2-8　水稻生长中期田间的千金子

附图 2-9　直播田稗草危害

附图 2-10　直播田马唐危害

附图 2-11　几种常见杂草比较

附图 2-12　直播稻田杂草危害

附图 3-1　抛秧作业

附图 3-2　抛秧使用的秧盘

附图 3-3　抛秧田苗床摆盘

附图 3-4　抛秧苗床摆盘、撒种

附图 3-5　摆好后的抛秧秧盘

附图 3-6　覆盖保湿布

附图 3-7　抛秧田返苗期

附图 3-8　返青期抛秧与插秧的对比

附图 3-9　分蘖期抛秧与插秧的对比

附图 4-1　麦田撒稻小麦收获前的秧苗生长情况

附图 4-2　麦田撒稻小麦收获后的秧苗生长情况

附图 4-3　麦田撒稻小麦收获后的大田状况

附图 5-1　机械装盘使用的基质

附图 5-2　机械装盘作业现场

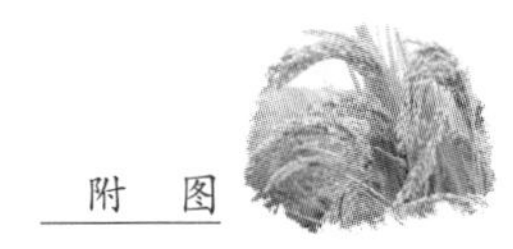

附图 5-3　摆秧盘

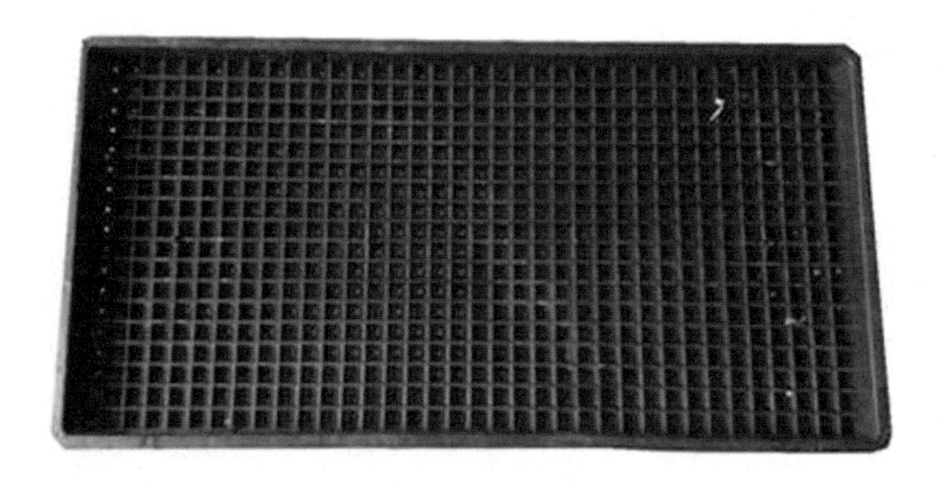

附图 5-4　新型浅钵秧盘

附图 5-5　机插秧苗中期管理

附图 5-6　新型浅钵秧盘的育秧效果

附图 5-7　起苗

附图 5-8　机械插秧

附图 5-9　高精度定位装盘机

附图 5-10　播量可调整

附图 6-1 稻瘟病危害的水稻叶片

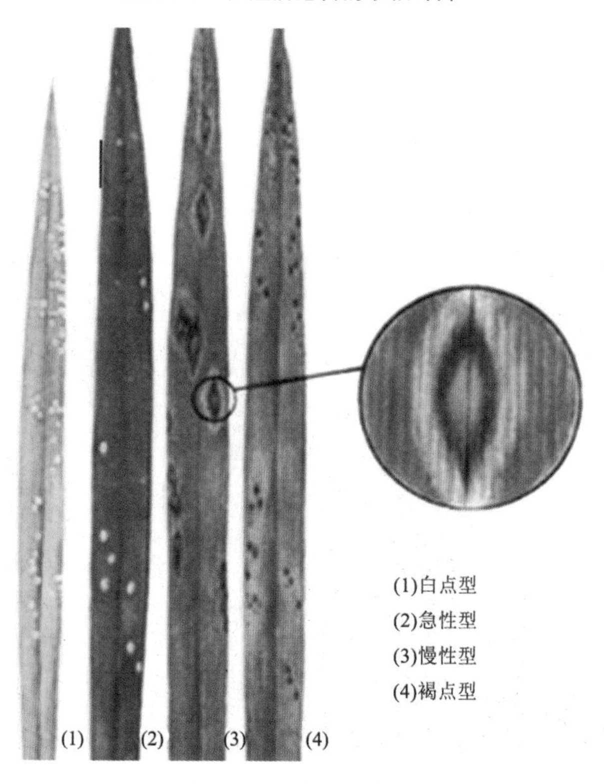

附图 6-2 叶斑类型

附图 6-3　稻瘟病危害症状

附图 6-4　水稻穗茎瘟

附图 6-5　水稻纹枯病危害

附图 6-6　水稻纹枯病危害症状

附图 6-7　水稻黑条矮缩病

附图 6-8　水稻稻曲病

附图 6-9　水稻干尖线虫危害

附图 6-10　水稻根结线虫危害

附图 6-11　灰飞虱

附图 6-12　灰飞虱若虫

附图 6-13　稻纵卷叶螟

附图 6-14　二化螟幼虫

附图 6-15　二化螟成虫

附图 6-16　二化螟危害的白穗

附图 6-17　水稻二化螟、三化螟(钻心虫)危害

附图 6-18　稻包虫危害(1)

附图 6-19　稻包虫危害(2)

附图 6-20　稻蓟马

附图 6-21　稻象甲

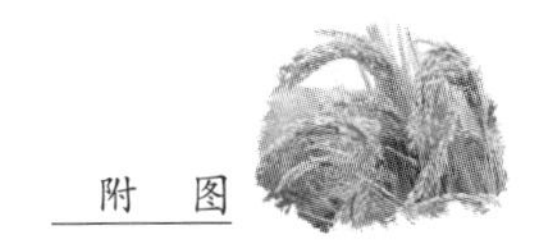

附图 8-1　田间的杂草稻

附图 8-2　易落粒

附图 8-3　杂草稻

附图 9-1　水稻田除草剂药害

附图 9-2　水稻苗期药害

附图 9-3　水稻田除草剂药害